統計科学のフロンティア 11

計算統計 I

統計科学のフロンティア 11

甘利俊一　竹内啓　竹村彰通　伊庭幸人 編

計算統計 I

確率計算の新しい手法

汪金芳　田栗正章　手塚集
樺島祥介　上田修功

岩波書店

編集にあたって
計算統計——確率と積分の計算手法を中心として

情報を扱う科学は計算機の発展に伴って発達してきた．しかし，扱う問題によっては，計算機の速度の増大によって，素朴な計算の限界がかえって見えてくる．たとえば，0か1のいずれかの値を取る変数が100個あるとしよう．100個のすべてに関係する量をあらゆる0と1の組み合わせについて足しあげるためには，2^{100}個の項を評価しなければならないが，これはどんな計算機を使っても不可能である．また，現代の統計科学や統計物理学では，数千，数万の次元の積分計算があらわれるが，数百次元の数値積分ですら，空間を規則的に格子分割する方法では実行不可能であろう．確率の計算が積と和の計算の繰り返しに基づいている以上，確率を利用する科学・工学においては，素朴な方法による限り，この意味での計算量爆発は不可避である．このように考えると，「確率や期待値の計算を計算機の上で近似的に行う手法の研究」こそ，現代の「計算統計」の核心となる課題といえる．

本シリーズの『計算統計』(11巻，12巻)は，この立場に立って，確率や高次元積分の計算手法を中心に編集されている．この11巻では，「ブートストラップ法入門」「超一様分布列の数理」「平均場近似・EM法・変分ベイズ法」の各テーマが解説されている．いずれの解説でも，気鋭の著者陣によって，最新のトピックを含めた紹介がなされており，他に類例のない書といってよい．

以下では，3つの論説の内容を順次紹介する．まず，第I部は，汪と田栗による「ブートストラップ法入門」である．ここでは，近年の統計科学の重要な話題である「ブートストラップ法」が解説される．ブートストラップ法の基本となる考え方はシンプルなものである．たとえば，データが10個あるとして，その「中央値」の分散を推定したいとする．これは対応する統計理論によっても可能であるが，「10個の中から重なりを許して10個をランダムに抽出して中央値を求める」ことを多数回繰り返すことによっても，良い精度で求められる．

このような考え方をどこまで拡張できるのか，従来の手法と比較して便利な点は何か，ということが，汪と田栗による解説の主題である．短い導入部は格調高く，この主題をはじめて学ぶ読者にはやや抽象的に感じられるかもしれないが，2章以降は具体例を豊富に用い，程良く理論的背景を交えた懇切な説明がなされており，初心者にも好適な解説となっている．末尾の文献案内も親切である．

上の説明から推察されるように，ブートストラップ法は，単なる確率の計算法というだけでなく，統計的推論の手法としての側面を持ち，また確率分布の解析的近似手法とも理論的に結びついている．この意味では，本シリーズの定義による「計算統計」としては少し変わった面があるが，逆に，これを学ぶことで「古典的な統計学の総復習」になるという面もある．汪と田栗による解説は，この面にも良く配慮がなされており，各章のはじめには，古典的な手法による取り扱いや統計学的背景についての簡潔な説明が付加されて，読者の便宜をはかっている．

次は，手塚による「超一様分布列の数理」である．「超一様分布列」とは，規則的な格子点列とも乱数列とも異なる性質を持った特殊な数列である．第II部の要点は，このような数列が積分計算にとって良い性質をもっているということである．手塚の解説では，導入部のあと，典型的な応用例として，金融工学における高次元積分の解説がなされている．その後，本題に入り，まず背後にある一般論が解説され，次に具体的な数列を設計するための数理の解説となる．邦書では数少ない，この分野のまとまった文献として，価値が高い内容である．

「超一様分布列」は，従来は「準乱数」とも呼ばれていたが，乱数の性質をできるだけ再現するのが目的の「擬似乱数」とは異なり，むしろ乱数との違いに有用性の根拠がある．逆にいえば，いつでも乱数の代わりに使えるわけではないから，その点には注意が必要である．たとえば，マルコフ連鎖をシミュレートするための擬似乱数をそのまま準乱数に置き換えた場合，相関によって誤った結果を招く恐れがある．

余談であるが，人間にできるだけランダムに数字を言わせたり書かせたりした場合，結果は乱数からは程遠く，特に列の中で隣接する同じ数字の頻度が少なくなることが知られている．紙の上にランダムに点を打たせた場合もおそらく同様である．これは，無意識にランダム列より一様性の高い列を生成しようとしているとも考えられる．数理的に直接関係があるわけではないが，本解説の主題と考え合わせるのも一興かもしれない．

最後が，樺島と上田による解説「平均場近似・EM 法・変分ベイズ法」である．統計物理学や確率的人工知能・数理工学など，確率を扱う他分野との交流により，新しい手法が導入されたことは，計算統計における重要な出来事であった．まったく違う領域で，違う目的，たとえば磁性体や液体の性質の計算に利用されていた方法が，統計科学において有用であることが示されたのである．この第Ⅲ部では，こうした学際的な展開の成果のひとつが扱われている．「平均場近似」「変分ベイズ法」など耳慣れないという読者もいると思うが，これらの手法は，12 巻で扱うマルコフ連鎖モンテカルロ法に続いて，統計科学全体に大きな影響を与える可能性のある手法群として，注目を集めているものである．本解説は，邦書ではじめて，これらの手法を一貫して提示したものとして，画期的なものといえる．

樺島による前半では，平均場近似，ベーテ近似，loopy belief propagation などの解説が行われている．必要な予備知識として，1 次元鎖やツリー上で定義されたモデルに対する厳密な逐次アルゴリズム(転送行列法や belief propagation)も説明されており，他を参照せずに理解できる記述となっている．上田による後半では，EM 法からはじめて，EM 法に平均場近似的な考えを組み合わせた一般化 EM 法，さらに，新しい話題である変分ベイズ法について，対数尤度・対数周辺尤度の近似と下限の評価という立場から一貫した解説がされている．前後半を通じて，グラフィカルモデル，有限混合分布，画像のマルコフ場モデル，誤り訂正符号などを例として，平易な解説がなされており，現代的な統計科学への入門としても有用である(「誤り訂正符号」が統計科学に関係するとは初耳だという方は，第Ⅲ部の終わりの解説記事をぜひ読まれたい)．

なお，「ブートストラップ法入門」の統計学が頻度主義的であるのに対し，樺島と上田の解説からはベイズ的な雰囲気が感じられるのは，アルゴリズムと統計学との微妙な関係の例として興味深い.「モデリングや統計手法が先ずあって，それを実現するための道具が計算アルゴリズムである」と考えるのが正道であるが，その一方で，われわれのモデリングや統計手法に対する考え方や感じ方は，利用できる計算アルゴリズムに少なからず影響される．それは，時に落とし穴をもたらすが，計算統計の面白さ，未来を作り出す力の源である．

終わりに，本巻では触れられていない話題について述べておく．まず，マルコフ連鎖モンテカルロ法，逐次モンテカルロ法など従来から工学や統計学で使われてきたものとはやや違った種類のモンテカルロ法がある．これらの手法は,「与えられた分布のもとで重みの大きい状態(典型的な状態)の探索」と「分布からのサンプリング・期待値の計算」が統合されている点に特徴がある．これらは 12 巻でまとめて取り扱われる．

いうまでもなく，数値線形代数，最適化，数理計画法などの汎用的な数値計算手法も，統計科学において重要な役割を演じる．計算統計の立場からは，確率の計算という視点でこれらを見直すことが重要と思われるが，巻数の制限などから，本シリーズでは割愛することとなった．また,「計算統計」をより広い意味で考えると，データ解析のための対話的・グラフィカルな手法やそれらを実現する統計ソフトウェアも重要なテーマであるが，本シリーズのような固定的な書物の形で解説することが適当かどうかという問題もあり，今回は取り上げないこととした．

（伊庭幸人）

目　次

I

ブートストラップ法入門

汪金芳・田栗正章

目　次

1　ブートストラップ法の誕生

1.1　ブートストラップ法に到るまでの統計学の歴史的概観

Bayes の逆確率，Laplace の確率論，Gauss の最小 2 乗法，Galton の相関係数・回帰分析などに続く 20 世紀前半の統計科学においては，いくつかの重要な進展があった．その主なものとして，K. Pearson のカイ 2 乗検定，Gosset(ペンネーム：Student)の t 検定，R. A. Fisher の最尤法，Neyman-Pearson の仮説検定などが挙げられる．B. Efron(1979)によって定式化された**ブートストラップ法**(bootstrap method)は，20 世紀後半の統計科学においてもっとも重要な進展の 1 つである．

ブートストラップ法を含む**リサンプリング法**(resampling method)の考え方は，Efron 以前にもさまざまな分野で教育・研究の手段として用いられていた．1960 年代後半に Simon は，社会学の分野においてデータからのリサンプリングの考え方を提案した(Simon, 1969)．それは，とくに数式が不得手な社会科学系の統計学専攻の大学院生の教育を目的として，シミュレーション(simulation)の手段として使われていた(Atkinson, 1975; Simon, Atkinson and Shevokas, 1976)．

統計学の分野でも，Efron 以前にデータに基づく統計量の精度の推定や，仮説検定，信頼区間の構成のためのさまざまな手法が考案されていた．前述した Student の t 検定を正当化するために，1930 年代に Fisher が提案した**並べかえ検定**(permutation test)は，計算機を多用する手法としてよく知られている．また 1950 年代に Quenouille によって考案され，Tukey によって普及した**ジャックナイフ法**(jackknife method)も，計算機指向型統計手法として有名である．さらに，1970 年代前半に変数選択やモデル選択などのために提唱された**交差確認法**(cross-validation method)(Stone, 1974; Geisser, 1975)もこのようなデータ依存型手法であり，今日まで広く使われている．

まだ計算機環境が十分整備されていなかった 1970 年代前半までに，すでに多くの統計学者が計算機を用いる統計的データ解析法の有効性を謳い，**モンテカルロ法**(Monte Carlo method)による仮説検定(Barnard, 1963; Hope, 1968; Marriot, 1979)や，**典型値定理**(typical value theorem)に基づく非復元リサンプリングによる点推定や区間推定(Hartigan, 1969, 1971, 1975)などの有効性について，考察を行っていた．

1970 年代後半になると，ブートストラップ法が誕生するために必要な環境が整えられてきた．まず，通信手段などの革新によってデータの収集が容易になったため，大規模データの解析がますます重要になっていたが，従来の統計学の枠組みでは捉えにくく，この状況に早急に対処する必要があった．そしてもっとも重要な要因は，計算機環境の大幅な改善である．

ブートストラップ法が提案された 1970 年代後半にはまた，理論統計においても 2 つの重要な進展があった．まず，**頑健統計学**(robust statistics)の漸近理論(Huber, 1981)がほぼ完成され，統計的汎関数の理論が広く知られるようになった．そして同じ頃，**エッジワース展開**(Edgeworth expansion)の理論(Bhattacharya and Ghosh, 1978)も成熟に到った．この 2 つの強力な道具は，ブートストラップ法が提案された直後にその正当性を示すために適用され，ブートストラップ法の有効性が多くの統計学者の関心を引くようになった．

R. A. Fisher は，20 世紀の統計学においてもっとも偉大な存在であった(Efron, 1998)．Efron 自身もまた局指数型分布族などの概念を導入し，Fisher による尤度推論における高次の漸近有効性などの分野で，多大な貢献を行った(Efron, 1975)．Efron の理論に刺激され，その後情報幾何学とよばれる理論が統計学の新興分野として発展した(Amari, 1985)．Fisher 流統計学を頂点としたピラミッドとも読める，Efron の現代統計学の三角形(Efron, 1998)の中では，ブートストラップ法は Fisher 流と頻度論の間にある方法論として位置づけられている．それはブートストラップ法がノンパラメトリック最尤法として解釈できるからである(Efron and Tibshirani, 1993, 21 章)．1980 年代までの推測統計学の概観については久保川ら(1993)に詳しいので，興味があればそれを参照のこと．

上記の現代統計学の三角形では，ブートストラップ法が Tukey の普及したジャックナイフ法より Fisher 流統計学に近いところに置かれている．Tukey による探索的データ解析法(Tukey, 1962, 1977; Mosteller and Tukey, 1977)は，この地図上にはなかった．もともとブートストラップ法に関する Efron の最初の論文(Efron, 1979)や書物(Efron, 1982)からもわかるように，Efron はブートストラップ法という名称を，その先鞭をつけたジャックナイフ法のパロディとして名づけたのである．ブートストラップという名称は，英語のフレーズ *by* (*one's own*) *bootstraps*(自力でことにあたる)に由来し，ミュンヒハウゼン男爵の冒険談が起源であるとされている(Efron and Tibshirani, 1993, p. 5 参照)．またブートストラップは，電源投入という最小限のアクションによって，計算機が「自動」的に起動するという意味ももち，計算機に基づく統計的手法としてぴったりの名称である．

1.2　ブートストラップ法が適用可能な問題

前節では，ブートストラップ法が考案されるまでの統計学の発展や，ブートストラップという名の由来などについて説明を行った．本節以降では予備知識を仮定せず，基礎から系統的にブートストラップ法について解説する．まず本節ではブートストラップ法が適用可能な問題について，できる限り一般的な枠組みで話を進めることにする．

多くの統計的推測の問題は，未知の分布関数 F にしたがう互いに独立な確率変数 $Y_1, \cdots, Y_n$ に基づいて，F に依存するパラメータ(parameter) $\theta = \theta(F)$ を推測する問題として定式化できる．ここで θ は通常の平均のようなパラメータでもよいし，判別分析における「誤判別率」のようなより複雑なものでもよい．ここで重要なことは，θ が分布関数 F だけに依存し

$$\theta = \theta(F) \tag{1}$$

と書けることである．たとえば，Y_j の分布 F とそれ以外の分布 P に依存するパラメータ $\theta = \theta(F, P)$ などは，仮定(1)を満たさない．測定誤差を伴う場合の回帰係数の偏りなどがこの場合の例に当たる(Wang and Taguri,

1998, 4節参照). ブートストラップ法がうまく機能するための1つの十分条件は, 式(1)におけるパラメータ θ が, F の連続的な変化に対して連続的に変動することである. すなわち F に近い分布関数 $F' = (1-\varepsilon)F + \varepsilon G$ を考えたとき, パラメータ $\theta(F')$ も $\theta(F)$ に近く, $\theta(F') = \theta(F) + o(\varepsilon)$ が成り立つことである. ここで $o(\varepsilon)$ は, ε が0に近づくとき0に近づく量を表わしている. しかし分散の推定などの場合には, この条件は必ずしも必要ではない.

一般に式(1)のように書けるパラメータ θ は, (分布)関数 F の関数なので, **汎関数パラメータ**(functional parameter)とよばれることもある. たとえば平均 μ は

$$\mu = \int y dF(y) \tag{2}$$

と書け, また分散 σ^2 も

$$\sigma^2 = \int (y-\mu)^2 dF(y) \tag{3}$$

と F のみの関数として表わせる. ここで(3)における μ は, (2)で定義されたものである. したがって, 平均も分散も汎関数パラメータである. より複雑な汎関数パラメータについては, 次節以降で紹介していくことにする.

いま(1)の θ に対する推定量を $\hat{\theta} = \hat{\theta}(Y_1, \cdots, Y_n)$ とする. また F_n を, 次式で定義される**経験分布関数**(empirical distribution function)とする.

$$F_n(y) = \frac{1}{n}\sum_{j=1}^{n} \delta(Y_j \leq y) = \frac{1}{n} \sharp\{Y_j \,|Y_j \leq y\} \tag{4}$$

実際のデータ解析においては, $\hat{\theta}$ は**差込原理**(plug-in principle)に基づいて作られる場合が多い. ここで差込原理とは, (1)における未知の母集団分布 F を, データから構成される経験分布 F_n で置き換えることにより推定量を構成することである. このようにして作られた推定量は, **差込推定量**または**プラグイン推定量**(plug-in estimator)とよばれ,

$$\hat{\theta} = \theta(F_n) \tag{5}$$

と書くことができる.

さて推定量 $\hat{\theta}$ を用いて θ を推定する際には, 推定量 $\hat{\theta}$ の良さを評価しな

ければならない．またたとえば，「真のパラメータが 1/2 を超えない」というような仮説(hypothesis)を検証することもしばしば必要になる．少し抽象的ではあるが，このような問題は適当な関数 $T(\hat{\theta}, F) = t(\hat{\theta}, \theta(F))$ に対して，期待値

$$H(F) = E_F[T(\hat{\theta}(Y_1, \cdots, Y_n), F)] \qquad (6)$$

を計算する問題に帰着できる．ただし(6)においては，E_F は分布関数 F の下での期待値を表わし，また関数 $T(\cdot, \cdot)$ は問題に応じて決められるものである．$H(F)$ の具体例については，2.1 節(a)項の式(13)，2.2 節(a)項の式(29)，3.2 節の式(39)を参照のこと．

ブートストラップ法は，与えられた問題が(6)によって定式化できるとき，この $H(F)$ を推定するためのきわめて一般的な方法である．ここで推定すべき量 $H(F)$ は，未知の分布関数によって決まることに注意してほしい．パラメータ $\theta(F)$ が F に関するある種の滑らかさを必要とすることを本節の初めで説明したが，いまの問題は $\theta(F)$ に関連する $H(F)$ の推定問題なので，$H(\cdot)$ についても分布に関するある種の滑らかさが必要となる．また(6)で定義される $H(\cdot)$ は $T(\hat{\theta}, F) = t(\hat{\theta}, \theta(F))$ によって決まるので，結局推定量 $\hat{\theta} = \hat{\theta}(Y_1, \cdots, Y_n)$ も分布に対するある種の滑らかさをもっている必要がある．これらの仮定が満足されない場合には，ブートストラップ法はうまく機能しない可能性がある．ただし，これらの滑らかさについての要求は十分条件であり，たとえば推定量の分散に対するブートストラップ推定などの場合には，(5)における $\hat{\theta}$ は F_n の滑らかな関数である必要はない．たとえば(2)の平均 $\theta = \mu$ の推定に対して，$\hat{\theta}$ は標本中央値(sample median)でもよい．これに対してジャックナイフ法に代表される非復元リサンプリング法の適用においては，推定量の経験分布に対する滑らかさの仮定が必要となる．詳しくは Efron(1982，6 章)を参照のこと．

ブートストラップ法が適用できる問題(6)には，2 つの特徴がある．まず推定すべき量 $H(F)$ が，分布関数 F の滑らかな汎関数で表わされる点である．したがって F の良い近似分布 $\hat{F}$ が与えられれば，$H(F)$ を $H(\hat{F})$ によって近似できる．つぎに，$H(F)$ が適当な確率変数の期待値として書けることである．このことより，$H(\hat{F})$ を計算機で「自動的に」近似計算する

ことができる.「ブートストラップ法は複雑な式を知らなくても，すべての計算が計算機によって自動的に行える」といわれている理由はここにある.

さて未知の分布関数 F に対して，適当な良い近似分布 $\hat{F}$ が与えられているとしよう．同一の分布 $\hat{F}$ に互いに独立にしたがう(*i.i.d.*; independently identically distributed)確率変数を Y_j^* とする．すなわち

$$Y_1^*, \cdots, Y_n^* \overset{i.i.d.}{\sim} \hat{F} \tag{7}$$

とする．このとき(6)に対するブートストラップ推定量は，

$$H(\hat{F}) = E_{\hat{F}}[T(\hat{\theta}(Y_1^*, \cdots, Y_n^*), \hat{F})] \tag{8}$$

と書くことができる.

(8)における近似分布 $\hat{F}$ の構成の仕方によって，ブートストラップ法は2種類に大別される．$\hat{F}$ として(4)で定義した経験分布関数 F_n を採用した場合には，ブートストラップ推定量(8)は

$$H(F_n) = E_{F_n}[T(\hat{\theta}(Y_1^*, \cdots, Y_n^*), F_n)] \tag{9}$$

となる．$H(F_n)$ は $H(F)$ に対するノンパラメトリック・ブートストラップ(nonparametric bootstrap)**推定量**とよばれる.

もし未知の分布関数 F が，関数形が既知のパラメトリックモデル $\{F(\xi) \mid \xi \in \Xi\}$ に入っている場合には，F を $\hat{F} = F(\hat{\xi})$ で推定することも考えられる．ここで，$\hat{\xi}$ は未知パラメータ ξ の適当な推定量であり，Ξ は ξ のパラメータ**空間**(parameter space)とする．このときブートストラップ推定量(8)は，

$$H(F(\hat{\xi})) = E_{F(\hat{\xi})}[T(\hat{\theta}(Y_1^*, \cdots, Y_n^*), F(\hat{\xi}))] \tag{10}$$

と書ける．推定量 $H(F(\hat{\xi}))$ は通常，パラメトリック・ブートストラップ(parametric bootstrap)**推定量**とよばれる.

パラメトリック・ブートストラップ法を適用するためには，ある程度恣意的なパラメトリックモデルを仮定しなければならない．一方ノンパラメトリック・ブートストラップ法においては，モデルの仮定がまったく必要でないため，実際のデータ解析においてよく使われるのは後者のほうである．本書では断らない限り，ブートストラップ法はノンパラメトリック・ブートストラップ法を指すものとする．ブートストラップ法が多くの局面においてうまく機能するのは，通常，経験分布関数 F_n が真の分布関数 F

の良い近似となっているからである．これはもちろん，標本数 n がある程度大きい場合の話である．この事実はブートストラップ法を理解する上で重要なことなので，ここで簡単に解説しておこう．

一般に 2 つの値 0 と 1 しかとらない確率変数のことを，ベルヌーイ変数とよぶ．(4)で定義される経験分布関数 $F_n(y)$ は，y が与えられたとき，n 個の独立なベルヌーイ変数 $\delta(Y_j \le y)$ の和として表わされている．ベルヌーイ変数 $\delta(Y_j \le y)$ の「成功」する確率は，

$$\Pr\{\delta(Y_j \le y) = 1\} = \Pr\{Y_j \le y\} = F(y)$$

と計算できる．したがって $nF_n(y)$ は，平均 $nF(y)$，分散 $nF(y)(1-F(y))$ をもつ 2 項分布にしたがう．標本数 n を $n \to \infty$ とするとき，$0 < F(y) < 1$ であれば，2 項分布についての中心極限定理により

$$\sqrt{n}\,(F_n(y) - F(y)) \ \stackrel{d}{\to}\ N(0,\, F(y)(1 - F(y)))$$

が成り立つ．ここで $\stackrel{d}{\to}$ は分布収束の意味である．すなわち経験分布関数 $F_n(y)$ は，標本数 n を大きくすると，平均 $F(y)$，分散 $F(y)(1-F(y))/n \to 0$ をもつ正規分布に近づく．したがって任意の $\varepsilon > 0$ に対して，

$$\Pr\{|F_n(y) - F(y)| \le \varepsilon\} \to 1 \tag{11}$$

となることがわかる．

ところでこれまでの説明からわかるように，(9)は無条件に信用できるわけではないことに注意してほしい．それは，経験分布 F_n が真の分布 F の良い近似かどうかにかかっている．(11)が成り立つような状況では通常は心配が要らないが，まれに破綻する場合もある．

次章以降では，(6)の形で定式化できる問題について詳しく話を展開する．ここでわれわれの主たる興味は，(9)で定義されるノンパラメトリック・ブートストラップ法にあるが，これを従来から伝統的に用いられてきた方法と比較することにより，ブートストラップ法の特徴がより理解しやすくなるであろう．そこで各章・各節の最初において，従来から用いられてきた正規近似などの手法の概説を与えておくことにする．

2 推定量の精度のブートストラップ推定

この章では，推定量の精度を表わす尺度である偏りや分散を推定するためのブートストラップ法について述べる．これらの推定に関してはジャックナイフ法も大変有効であるが(汪ら，1992 参照)，ここでは省略する．

2.1 分散のブートストラップ推定

(a) 伝統的推定法

本節では，分散を推定するためのブートストラップ法について解説する前に，まず分散を推定することの必要性や従来の分散推定量の構成法などについて概説しておこう．

1 章の式(6)における $T(\cdot,\cdot)$ を $T_{\sigma^2}(\hat{\theta}, F)=(\hat{\theta}-E_F\,\hat{\theta})^2$ とすれば，推定量の分散は(6)で表現することができる．いま未知の分布関数 F にしたがう互いに独立な確率変数 $Y_1,\cdots,Y_n$ から構成された推定量 $\hat{\theta}=\hat{\theta}(Y_1,\cdots,Y_n)$ によって，パラメータ $\theta(F)$ を推定することを考える．多くの場合，推定量 $\hat{\theta}$ は経験分布 F_n の滑らかな関数として表現できる．たとえば母平均 $\theta=\int y\,dF(y)$ を推定する場合，母平均の差込推定量として**標本平均**(sample mean) $\hat{\theta}=\int y\,dF_n(y)$ がよく用いられているが，これは F_n の滑らかな関数となっている．

しかし本章で考える推定量は，標本平均のように経験分布の滑らかな関数として書ける必要はない．たとえば母平均を，標本中央値によって推定することを考える場合もある．標本中央値は，奇数個の標本 $n=2m-1$ の場合には，$\hat{\theta}=Y_{(m)}$ となる．ただし $Y_{(m)}$ は，$Y_1,\cdots,Y_n$ を小さいものから順に並べたとき m 番目に位置する量を意味し，m 番目の**順序統計量**(order statistic)とよばれる．この場合には $n=2m-1$ であるから，$Y_{(1)}\leq Y_{(2)}\leq\cdots\leq Y_{(2m-1)}$ と並べたとき，ちょうど真ん中にくる値である．以上の説明からわかるように，標本中央値は F_n の滑らかな関数としては表現できていない．

しかしいずれの場合でも，適当な正則条件の下では，標本数 n が大きくなると，$\hat{\theta}$ は θ に近づく．また**中心極限定理**(central limit theorem)により，確率変数である $\hat{\theta}$ は正規分布 $N(\theta, \sigma^2/n)$ に近づく．すなわち

$$\sqrt{n}\,(\hat{\theta}-\theta) \xrightarrow{d} N(0, \sigma^2) \tag{12}$$

が成り立つ．このように n が大きいことを想定した場合の理論は，一般に**大標本論**(large sample theory)とよばれている．

大標本論で中心となる話題は，(12)における σ^2 の推定であるが，これは**漸近分散**(asymptotic variance)とよばれる．漸近分散 σ^2 の推定は，推定量 $\hat{\theta}$ の分散の推定とほぼ同じ問題である．このように推定量の精度を表わす尺度の 1 つである分散の推定は，統計的データ解析においては非常に重要な問題である．

本章の 1 つの目的は，推定量 $\hat{\theta}=\hat{\theta}(Y_1,\cdots,Y_n)$ の分散

$$\mathrm{Var}\,\hat{\theta} = E_F[\hat{\theta}(Y_1,\cdots,Y_n) - E_F\,\hat{\theta}(Y_1,\cdots,Y_n)]^2 \tag{13}$$

を推定することであるが，(13)の計算は一般にきわめて厄介である．ブートストラップ法の単純性，汎用性を理解するための準備段階として，従来分散の推定はどのように行われていたかを簡単に復習しておこう．

分散(13)を推定するためには，伝統的方法では分布 F と推定量 $\hat{\theta}$ について適当な制限を置かなければならない．データが発生した物理的な仕組みに関して十分な知識がある場合には，分布 F が適当な**分布族**(parametric family)

$$\{p(y|\theta)\,\big|\,\theta\in\Theta\} \tag{14}$$

に入っていると仮定することができよう．ただし，$p(y|\theta)$ は未知のパラメータ θ を含む関数形が既知の**密度関数**(density function)を，また Θ はパラメータ空間を表わす．このような定式化の下では，真の分布 F は分布族(14)の中の 1 つの点 $p(y|\theta_0)$ に対応している．パラメトリックモデル(14)を仮定した場合には，(13)における推定量 $\hat{\theta}$ としては通常最尤推定量を考える．

パラメトリックモデル(14)が仮定でき，また $\hat{\theta}=\hat{\theta}_{\mathrm{ML}}$ を**最尤推定量**(maximum likelihood estimator, MLE)としたとき，分散(13)は，標本数 n が大

きい場合には

$$[nI(\theta_0)]^{-1} \tag{15}$$

で近似できることが知られている．ただし $I(\theta)$ は

$$I(\theta) = -E_\theta\left[\frac{\partial^2}{\partial\theta^2}\log p(y|\theta)\right]$$

で与えられ，1標本単位あたりの**フィッシャー情報量**(Fisher information)を表わしている．したがって最尤推定量の分散に対する差込推定量は，(15)より

$$\widehat{\mathrm{Var}}\,\hat{\theta}_{\mathrm{ML}} = [nI(\hat{\theta}_{\mathrm{ML}})]^{-1} \tag{16}$$

で与えられる．推定量(16)では期待値の計算が必要であるが，これが面倒な場合には，大数の法則に基づいて

$$\widehat{\mathrm{Var}}\,\hat{\theta}_{\mathrm{ML}} = \left[-\sum_{j=1}^{n}\frac{\partial^2}{\partial\theta^2}\log p(Y_j|\theta)\bigg|_{\theta=\hat{\theta}_{\mathrm{ML}}}\right]^{-1} \tag{17}$$

によって最尤推定量の分散を推定することも考えられる．もちろん，最尤推定量と同じ漸近分散をもつすべての推定量 $\hat{\theta}$ に対しても，(16)や(17)を使って $\hat{\theta}$ の分散を推定することができる．

パラメトリックモデル(14)が仮定できない場合でも，推定量 $\hat{\theta}$ が比較的単純な構造をもつ場合には，分散(13)の推定を行うことができる．以下では**滑らかな関数モデル**(smooth function model)として表現できる推定量を例にとり，その場合の分散の推定を考えてみる．すなわち考察の対象とする推定量が，一般に

$$\hat{\theta} = \hat{\theta}(Y_1, \cdots, Y_n) = T(\bar{A}_1, \cdots, \bar{A}_p) \tag{18}$$

と書ける場合を考える．ここで p は n と無関係な自然数で，また $\bar{A}_k$ は

$$\bar{A}_k = \frac{1}{n}\sum_{j=1}^{n}A_k(Y_j), \quad k = 1, \cdots, p$$

で定義される量である．たとえば $p=2$, $A_1(Y_j)=Y_j$, $A_2(Y_j)=Y_j^2$ とおけば，$\hat{\theta}=T(\bar{A}_1, \bar{A}_2)$ は1次と2次の標本モーメントの関数として表わせる推定量となる．この例からわかるように，(18)で表現できる推定量の族にはよく知られている**モーメント推定量**(moment estimator)なども含まれており，またこのような推定量を対象とすると理論展開にも非常に都合がよい．実際エッジワース展開を用いて，(18)のブートストラップ分布の妥当性な

どがかなりの程度まで解明されている．

例 1(**比推定量**)　2 次元の確率変数ベクトル $Y=(U,V)'$ を考える．ここで $'$ は転置を表わしている．Y のしたがう 2 次元分布を F とし，また n 個の互いに独立な観測値を $Y_1=(U_1,V_1)'$, $\cdots$, $Y_n=(U_n,V_n)'$ とする．U, V の母平均の比 $R=E_F U/E_F V$ を推定するため，**比推定量**(ratio estimator)

$$\hat{R}=\bar{U}/\bar{V} \tag{19}$$

がしばしば用いられている．ただし $\bar{U}=n^{-1}\sum_{j=1}^{n}U_j$, $\bar{V}=n^{-1}\sum_{j=1}^{n}V_j$ であり，これらは Y のそれぞれの成分の標本平均である．(18)において $A_1(Y_j)=U_j$, $A_2(Y_j)=V_j$ とし，また $T(\bar{A}_1,\bar{A}_2)=\bar{A}_1/\bar{A}_2$ とすれば，比推定量(19)は(18)の特殊な場合になっていることがわかる．▌

さて一般論に戻り，(18)で表現できる推定量の分散の推定について考えてみよう．各 $\bar{A}_k$ の平均を

$$E\bar{A}_k=A_k^0,\quad k=1,\cdots,p$$

とし，また点 $(A_1^0,\cdots,A_p^0)$ における勾配ベクトルを

$$\nabla^0=\left(\frac{\partial}{\partial\bar{A}_1}T(\bar{A}_1,\cdots,\bar{A}_p),\cdots,\frac{\partial}{\partial\bar{A}_p}T(\bar{A}_1,\cdots,\bar{A}_p)\right)\Bigg|_{\bar{A}_k=A_k^0,\,k=1,\cdots,p} \tag{20}$$

とする．さらに，$\bar{A}_k$ の分散共分散行列を

$$\Sigma=\begin{bmatrix}\mathrm{Var}\,\bar{A}_1 & \cdots & \mathrm{Cov}(\bar{A}_1,\bar{A}_p)\\ \vdots & \ddots & \vdots\\ \mathrm{Cov}(\bar{A}_p,\bar{A}_1) & \cdots & \mathrm{Var}\,\bar{A}_p\end{bmatrix} \tag{21}$$

とする．このとき，(18)で表現できる推定量の分散は，n が大きいとき

$$\mathrm{Var}\,\hat{\theta}\approx\nabla^0\Sigma\nabla^{0'} \tag{22}$$

で近似できる．ただし ∇^0, Σ は，それぞれ(20), (21)で定義されたものである．(22)を導出するためには，基本的には 1 次のテーラー展開を使えばよいが，その詳細についてはたとえば Efron(1982)などを参照のこと．(20)と(21)が A_k の 1 次と 2 次のモーメントによって表わせることに注意すると，∇^0 と Σ に対する差込推定量である $\hat{\nabla}^0$ と $\hat{\Sigma}$ が容易に計算できる．したがって(22)より，$\hat{\theta}$ の分散推定量として

$$\widehat{\mathrm{Var}}\,\hat{\theta} = \hat{\nabla}^0 \hat{\Sigma} \hat{\nabla}^{0\prime} \tag{23}$$

が導かれるが，これを具体的に書き下すと通常は煩雑な式になる．推定量(23)は，**デルタ推定量**(delta estimator)とよばれている．一般にこのようにして推定を行う方法はデルタ推定法といわれるが，その詳細は 2.2 節(a)項を参照のこと．

例 **2**(比推定量(つづき)) 例 1 で取り上げた比推定量 $\hat{\theta} = \hat{R}$ を考える．これに対して(22)を適用してみると

$$\mathrm{Var}\,\hat{R} \approx \frac{1}{n}\left(\frac{EU}{EV}\right)^2 \left\{ \frac{\mathrm{Var}\,U}{(EU)^2} + \frac{\mathrm{Var}\,V}{(EV)^2} - \frac{2\,\mathrm{Cov}(U,\,V)}{EU\,EV} \right\}$$

となる．(23)より，比推定量の分散に対するデルタ推定量は

$$\widehat{\mathrm{Var}}\,\hat{R} = \frac{1}{n}\left(\frac{\bar{U}}{\bar{V}}\right)^2 \left\{ \frac{S_u^2}{(\bar{U})^2} + \frac{S_v^2}{(\bar{V})^2} - \frac{2S_{uv}}{\bar{U}\bar{V}} \right\} \tag{24}$$

となる．ただし $S_u^2 = n^{-1}\sum_{j=1}^{n}(U_j - \bar{U})^2$, $S_v^2 = n^{-1}\sum_{j=1}^{n}(V_j - \bar{V})^2$, $S_{uv} = n^{-1}\sum_{j=1}^{n}(U_j - \bar{U})(V_j - \bar{V})$ は，Y_j のそれぞれの成分の標本分散，共分散である．▌

以上，パラメトリックモデルにおける最尤推定量の分散や，滑らかな関数モデルに属する推定量の分散の，伝統的な推定方法について見てきた．しかしこれらの推定方法は統一的観点からではなく個別的に研究されており，またこれらの推定量の族に分類できず，したがって伝統的方法が適用できないような推定量も存在する．たとえば**刈込み平均**(trimmed mean)を用いて母平均の推定を行う場合には，その分散の推定は上で述べた以外の方法で求める必要がある．ここで刈込み平均 $\hat{\theta}_T$ とは，大きさ n の標本 $Y_1, \cdots, Y_n$ を大きさの順に並べかえて $Y_{(1)} \leq Y_{(2)} \leq \cdots \leq Y_{(n)}$ としたとき，両側から $k\,(< n/2)$ 個ずつを除去した真ん中の $n-2k$ 個の平均のことであり，$\hat{\theta}_T = [Y_{(k+1)} + \cdots + Y_{(n-k)}]/(n-2k)$ で与えられる．

また，標本中央値 $\hat{\theta} = \hat{\theta}_{\mathrm{med}}$ の場合も伝統的方法は適用できない．すなわち $\hat{\theta}_{\mathrm{med}}$ の漸近分散 $\mathrm{Var}\,\hat{\theta}_{\mathrm{med}} \approx [4nf^2(\theta_0)]^{-1}$ を得るためには，分位点に関する理論が必要である．ただし，$f(\theta_0)$ は真の中央値 θ_0 における密度関数の値である．この結果から，標本中央値の分散は

$$\widehat{\mathrm{Var}}\,\hat{\theta}_{\mathrm{med}} = [4nf^2(\hat{\theta}_{\mathrm{med}})]^{-1} \tag{25}$$

で推定できることがわかる．しかしこの推定量(25)を使うためには，密度

関数 $f(\theta)$ に関する知識が必要となる.

（b）ブートストラップ推定法

ブートストラップ法により推定量の分散を推定する場合には，上述の仮定，すなわちパラメトリックモデルの仮定や推定量の族についての制限などはほとんど不要である．推定量 $\hat{\theta}$ の分散 $\mathrm{Var}\,\hat{\theta}=E_F(\hat{\theta}-E_F\,\hat{\theta})^2$ に対するブートストラップ推定量は，

$$\begin{aligned}\widehat{\mathrm{Var}_\mathrm{B}}\,\hat{\theta} &= E_{F_n}(\hat{\theta}^* - E_{F_n}\,\hat{\theta}^*)^2 \\ &= E_{F_n}[\hat{\theta}(Y_1^*,\cdots,Y_n^*) - E_{F_n}\,\hat{\theta}(Y_1^*,\cdots,Y_n^*)]^2 \end{aligned} \tag{26}$$

によって定義される．ただし(26)における $Y_j^*,\ j=1,\cdots,n$ は，経験分布 F_n にしたがう互いに独立な確率変数を表わす．以降ではとくに断らない限り，経験分布 F_n にしたがう確率変数に $*$ をつけて表わす．(26)の Y_j^* をブートストラップ標本(bootstrap sample)とよび，また $\hat{\theta}^*=\hat{\theta}(Y_1^*,\cdots,Y_n^*)$ をブートストラップ統計量(bootstrap statistic)とよぶ．経験分布に関する期待値で定義されるブートストラップ分散推定量(26)は，真の分布 F がどんなものであっても，また推定量 $\hat{\theta}$ がどんな複雑な形をしていても，いつも計算可能である．

例 3(標本平均)　もっとも単純な標本平均 $\hat{\theta}=\sum_{j=1}^{n}Y_j/n=\bar{Y}$ の場合について考えてみよう．この場合には $\mathrm{Var}\,\hat{\theta}=n^{-1}\mathrm{Var}\,Y$ と簡単に計算でき，母分散 $\mathrm{Var}\,Y$ を標本分散 $S_n^2=\sum_{j=1}^{n}(Y_j-\bar{Y})^2/n$ によって推定することにすれば，標本平均の分散は $\widehat{\mathrm{Var}}\,\hat{\theta}=n^{-1}S_n^2$ で推定できる．ブートストラップ分散推定量(26)は，定義にしたがって計算してみると

$$\begin{aligned}\widehat{\mathrm{Var}_\mathrm{B}}\,\hat{\theta} &= E_{F_n}(\bar{Y}^* - E_{F_n}\,\bar{Y}^*)^2 \\ &= E_{F_n}(\bar{Y}^* - \bar{Y})^2 \\ &= n^{-1}S_n^2 \end{aligned} \tag{27}$$

と正確に計算できる．この例では，ブートストラップ推定量が従来の差込推定量と一致しているが，両者は一般には異なるものとなる．　▎

ブートストラップ分散推定量を正確に計算できる場合はむしろ稀である．

比推定量や標本相関係数などの場合には，(26)の計算は一般にモンテカルロ近似

$$\widehat{\mathrm{Var}_{\mathrm{B}}}\,\hat{\theta} \approx \frac{1}{B-1}\sum_{b=1}^{B}(\hat{\theta}^{*b}-\hat{\theta}^{*}_{\cdot})^2$$
$$= \frac{1}{B-1}\sum_{b=1}^{B}[\hat{\theta}(Y_1^{*b},\cdots,Y_n^{*b})-\hat{\theta}^{*}_{\cdot}]^2 \qquad (28)$$

に頼らなければならない．ただし，(28)における Y_j^{*b}, $j=1,\cdots,n$ は b 回目のブートストラップ標本であり，$\hat{\theta}^{*b}$ はこれに基づくブートストラップ統計量である．また $\hat{\theta}^{*}_{\cdot}=B^{-1}\sum_{b=1}^{B}\hat{\theta}^{*b}$ は，ブートストラップ統計量の B 回にわたる平均を表わしている．

ときには(26)の代わりに，そのモンテカルロ近似である(28)をブートストラップ分散推定量とよぶ場合もあるが，両者の違いに注意しておくことは重要である．(28)におけるシミュレーション回数 B はブートストラップ**反復回数**(bootstrap replication number)とよばれ，実際の問題に応じてその大きさを決めなければならない．とくに B の値は，標本数 n の大きさと推定量の複雑さに応じて適切に定める必要がある．一般に n が大きければ B も大きくとる必要があり，また推定量 $\hat{\theta}$ が標本中央値のような経験分布の滑らかな関数でない推定量の場合にも，B を大きくとらなければならない．それは，ブートストラップ統計量 $\hat{\theta}^{*}$ が取りうる値(有限個)を，できるだけたくさん取らせる必要があるからである．以下に，ブートストラップ分散推定のアルゴリズムを示す．

アルゴリズム 1：ブートストラップ分散推定

無作為標本を $y_1,\cdots,y_n$ とする．

(1) データ $y_1,\cdots,y_n$ から**無作為復元抽出**(sampling with replacement)を n 回行い，大きさ n のブートストラップ標本 $Y_1^{*b},\cdots,Y_n^{*b}$ を構成する．次にこれに基づいて，ブートストラップ統計量 $\hat{\theta}^{*b}=\hat{\theta}(Y_1^{*b},\cdots,Y_n^{*b})$ を計算する．

(2) 適当なブートストラップ反復回数 B を決め，ステップ 1 を B 回繰り返すことにより $\hat{\theta}^{*1},\cdots,\hat{\theta}^{*B}$ を計算する．またブートストラッ

プ統計量の平均値を，$\hat{\theta}^*_\cdot = B^{-1}\sum_{b=1}^{B}\hat{\theta}^{*b}$ により計算する．

(3) ブートストラップ分散推定量を次式により計算する．

$$\widehat{\mathrm{Var}_\mathrm{B}}\,\hat{\theta} = \frac{1}{(B-1)}\sum_{b=1}^{B}(\hat{\theta}^{*b} - \hat{\theta}^*_\cdot)^2$$

ブートストラップ分散推定法を，表1の Darwin のとうもろこしデータ (Darwin, 1876) に対して適用してみよう．このデータは，自家受精に対する他家受精の優越性の有無を検証するために取られた「とうもろこしの丈の長さ」を表わしている．ここでの検討では，単純に丈の高い種が優れているものとする．この場合には，各受精法に対してそれぞれ 15 個ずつのデータが得られている．

表 1　Darwin による，他家受精・自家受精したとうもろこしの丈に関する観測値(1/8 インチ単位).

									平均	標準偏差
他家受精	188	96	168	176	153	172	177	163	平均	標準偏差
(U)	146	173	186	168	177	184	96		161.53	27.95
自家受精	139	163	160	160	147	149	149	122	平均	標準偏差
(V)	132	144	130	144	102	124	144		140.60	15.86

いま，表1のデータは対になっている，すなわち $y_1 = (u_1, v_1) = (188, 139), \cdots, y_{15} = (u_{15}, v_{15}) = (96, 144)$ と仮定して考察を進めてみよう．比推定量 $\hat{R}$ と標本相関係数 $\hat{\rho}$ の場合について考える．推定量 $\hat{R}$ の分散に対するデルタ推定量は，(24)で与えられている．また標本相関係数 $\hat{\rho}$ の分散に対するデルタ推定量も同様に導出できるが，煩雑であるためここでは省略する．図1は，$B = 2000$ 回の反復に基づくブートストラップ比推定量 $\hat{R}^*$(左)と標本相関係数 $\hat{\rho}^*$(右)のヒストグラムを表わしている．また表2には，$B = 200, 2000, 100000$ の場合のブートストラップ分散推定量の値が示されている．この表には比較のため，デルタ推定量の値も示されている．ブートストラップ推定量とデルタ推定量の値は，比推定量の場合には非常に近いことが読みとれる．またこの例からわかるように，推定量の分散の推定に関しては，通常ブートストラップ反復回数 B をあまり大きくとる必要はない．

表 2 表 1 のとうもろこしデータに対する，比推定量，標本相関係数の分散のブートストラップ推定量とデルタ推定量の値の比較．2 列目はブートストラップ反復回数を示している．

推定量	$\boldsymbol{B}$	ブートストラップ法	デルタ法
比推定量	200	0.0053	0.0049
	2000	0.0049	
	100000	0.0049	
標本相関係数	200	0.0360	0.0291
	2000	0.0395	
	100000	0.0388	

図 1 における比推定量のブートストラップ分布を見ると，ほとんどの値が 1 を超えているので，他家受精が自家受精より優れていることが読みとれる．

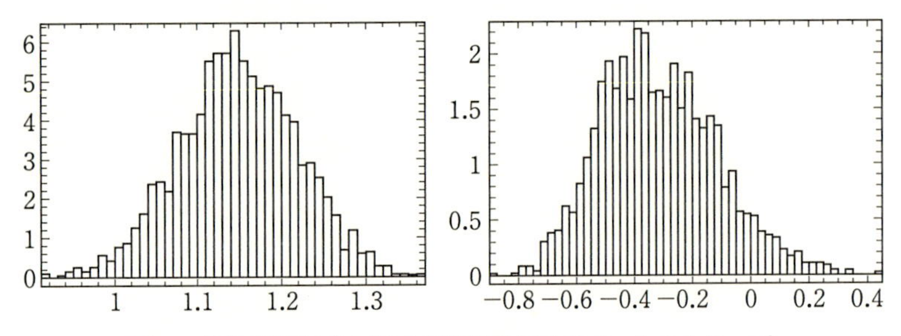

図 1 比推定量(左)と標本相関係数(右)のブートストラップ分布．このヒストグラムは，表 1 の Darwin のとうもろこしデータにおいて上下が対を成していると仮定し，ブートストラップ反復回数を $B=2000$ として計算した結果得られたものである．

表 3 は，コーシー分布(密度関数 $f(y,\theta)=[\pi(1+y^2)]^{-1}$)，自由度 3 の t 分布，および標準正規分布の各場合について，刈込み平均推定量の分散のブートストラップ推定に対するシミュレーション結果を示している．ここでは標本数を $n=2m-1$ とし，刈込み平均 $\hat{\theta}_T=[Y_{(m-1)}+Y_{(m)}+Y_{(m+1)}]/3$ についての数値実験を行った．

比推定量や標本相関係数の場合と異なり，2.1 節(a)項で与えた刈込み平均 $\hat{\theta}_T$ は経験分布の滑らかな関数でない推定量である．しかしこのような

表 3 標本数 $n=2m-1$ の場合の刈込み平均 $\hat{\theta}_T=[Y_{(m-1)}+Y_{(m)}+Y_{(m+1)}]/3$ の分散に対するブートストラップ推定量の値．第 5,6 列目は，ブートストラップ分散推定量の 10000 回のモンテカルロ・シミュレーションにわたる平均と標準誤差を表わしている．第 3 列目は 100000 回のシミュレーションの結果から計算された $\hat{\theta}_T$ の真の分散の値(近似値)である．

分布	n	真値($\times 10^2$)	B	平均($\times 10^2$)	標準誤差($\times 10^2$)
コーシー分布	11	31.06	200	1683	89101.3585
			1000	1862260	1.7776×10^8
	43	6.170	200	7.400	4.5598
			1000	7.306	4.2336
t 分布(自由度 3)	11	16.73	200	21.16	16.5786
			1000	21.06	16.3014
	43	4.625	200	4.738	2.6215
			1000	4.743	2.5342
正規分布	11	12.84	200	13.82	9.0646
			1000	13.88	8.9773
	43	3.870	200	3.855	2.0801
			1000	3.822	2.0143

推定量に対しても，ブートストラップ法は適用可能である．ここでブートストラップ法も，他の多くの統計的手法と同様に漸近理論に基づく方法であるため，標本数 n が十分大きくないときにはブートストラップ推定量の信頼性が保証されない場合もあることに注意すべきである．ここで考えている刈込み平均のような経験分布の滑らかな関数でない推定量の場合には，とくに注意が必要である．表 3 に示されているように，$n=11$ のコーシー分布の場合におけるブートストラップ分散推定量は，まったく使いものにならない．これは裾が重いコーシー分布の場合には，外れ値(outlier)が出現しやすいことに起因する．すなわち標本数が小さい場合に標本の中に外れ値が入っている場合には，それがリサンプリングされる確率が，真の分布から外れ値を抽出する確率に比べて大きくなり，ブートストラップ推定量の値に大きな影響を与えてしまう．したがってこの場合のブートストラップ分散推定量は著しく大きくなる．n が 23 になっても，ブートストラップ

分散推定量は真の推定量とかなりの差がある．標本数を $n=43$ にまで増加させると，ブートストラップ推定量は初めて信頼できるものとなる．t 分布や正規分布の場合についても，同様な傾向が見られる．いずれの場合にも，ブートストラップ分散推定量は，多くの場合反復回数 B にあまり影響されないことにも注意してもらいたい．

2.2 偏りのブートストラップ推定

(a) デルタ推定法

本節では，偏りを推定するためのブートストラップ法について解説する前に，従来からしばしば用いられてきた，デルタ法とよばれるテーラー展開に基づく方法について概説しておこう．

推定量 $\hat{\theta}$ を用いて，未知の分布 F の滑らかな関数である $\theta=\theta(F)$ を推定する場合を考える．ここで推定量 $\hat{\theta}$ が $\theta(F_n)$ と書ける必要はない．1章の(6)における $T(\cdot,\cdot)$ を $T_b(\hat{\theta}, F)=\hat{\theta}-\theta$ ととることにより，推定量 $\hat{\theta}$ の偏り(bias)は(6)で表現できる．

推定量 $\hat{\theta}=\hat{\theta}(Y_1,\cdots,Y_n)$ の分散 $\mathrm{Var}\,\hat{\theta}=E_F(\hat{\theta}-E_F\,\hat{\theta})^2$ は，平均 $E_F\,\hat{\theta}$ のまわりの「バラツキ度」を表わしており，推定量の精度を表わす尺度として重要な役割を果たす．分散が小さい場合には，推定量はその平均の近傍でわずかしか変動しない．しかしたとえ分散が小さくても，偏りの大きい推定量は望ましくない．極端な例として，データをまったく無視してある特定の定数によりパラメータを推定する場合には，推定量は確率的にまったく変動しないので分散は 0 であるが，このような推定量が一般的には好ましくないことは明らかであろう．推定量の良さを分散で測る場合には，推定量が不偏(unbiased)であるか，または偏りが小さいことを前提としている．

推定量の偏り

$$\mathrm{bias}\,\hat{\theta} = E_F[\hat{\theta}(Y_1,\cdots,Y_n)-\theta(F)] \tag{29}$$

は，推定量 $\hat{\theta}$ と**推定目標**(estimand) θ の平均的なずれの程度を表わしており，これが正の場合には $\hat{\theta}$ による推定は**過大推定**(over-estimation)，負の場合には**過小推定**(under-estimation)とよばれている．実際のデータ解析では，推定目標である $\theta(F)$ もデータ $Y_1,\cdots,Y_n$ に依存することも多いが，このような場合には過小推定となる現象がよく見られる(2.2節(c)項参照)．

いま，$\theta(F)$ が未知の分布関数 F のみに依存する場合を考えよう．(29)が0の場合，すなわち $E_F\,\hat{\theta}(Y_1,\cdots,Y_n)=\theta(F)$ が成り立つとき，$\hat{\theta}$ は**不偏推定量**(unbiased estimator)とよばれる．

分散の推定の場合と同様，偏りを理論的(漸近的)に計算できるのは，推定量が比較的簡単な構造をもっている場合のみであり，たとえ1次の近似式であっても通常はかなり煩雑な計算を必要とする．ここでは，前節で取り上げた滑らかな関数モデルの場合のみについて考えることにする．すなわち $\hat{\theta}=T(\bar{A}_1,\cdots,\bar{A}_p)$ により，$\theta=T(A_1^0,\cdots,A_p^0)$ を推定する場合を考える．ただし $\bar{A}_k=n^{-1}\sum_{j=1}^{n}A_k(Y_j)$ である$(k=1,\cdots,p)$．いま，

$$A^0=(A_1^0,\cdots,A_p^0),\quad \bar{A}=(\bar{A}_1,\cdots,\bar{A}_p),\quad \tilde{A}=\bar{A}-A^0,$$

$$\nabla^0=\left(\frac{\partial\theta}{\partial A_1^0},\cdots,\frac{\partial\theta}{\partial A_p^0}\right),\quad H^0=(h_{ij})=\left(\frac{\partial^2\theta}{\partial A_i^0\partial A_j^0}\right)$$

とすると，∇^0 と H^0 はそれぞれ θ の A^0 における勾配ベクトルとヘシアン行列を表わしている．

推定量 $\hat{\theta}$ を A^0 のまわりでテーラー展開すると，

$$\begin{aligned}\hat{\theta}&=T(\bar{A}_1,\cdots,\bar{A}_p)\\&=T(A_1^0,\cdots,A_p^0)+\nabla^0\tilde{A}'+\frac{1}{2}\tilde{A}H^0\tilde{A}'+\cdots\end{aligned}$$

となる．ここで $\tilde{A}$ の期待値が0であることに注意すると，偏りに対する次の近似式が得られる．

$$\begin{aligned}\mathrm{bias}\,\hat{\theta}&\approx\frac{1}{2}E\left(\tilde{A}H^0\tilde{A}'\right)\\&=\frac{1}{2n}\sum_{i,j=1}^{p}h_{ij}^0\,\mathrm{Cov}[A_i(Y),\,A_j(Y)]\end{aligned}\tag{30}$$

偏り推定量(30)は，通常デルタ推定量とよばれている．デルタ推定法に関するより詳しい説明は，Efron(1982)などを参照のこと．(30)を比 $R=E_F\,U/E_F\,V$ の推定の場合に適用してみると，差込推定量 $\hat{R}=\bar{U}/\bar{V}$ の偏りは

$$\mathrm{bias}\,\hat{R} = \frac{R}{n}\left(\frac{\mu_{20}}{\mu_{10}^2} - \frac{\mu_{11}}{\mu_{01}\mu_{10}}\right) + O\left(\frac{1}{n^2}\right) \tag{31}$$

と計算できる．ただし，$\mu_{pq} = E\,[(U-EU)^p(V-EV)^q]$ は中心化モーメントを表わす．また $O(1/n^2)$ は，$n\to\infty$ のとき $n^2O(1/n^2)$ が有界となる量を表わしている．

(b) ブートストラップ推定法

推定量が比較的単純な形をしている場合には，デルタ法は非常に有効な方法である．これに対してブートストラップ法による偏りの推定はより一般的な方法であり，その導出に際しては数学的に複雑な議論をまったく必要としない．しかしブートストラップ偏り推定量の妥当性を保証するためには，推定目標 $\theta=\theta(F)$ が分布関数 F の滑らかな関数であることが通常必要である．すなわち，分布関数 F がわずかしか変化しないときには，推定目標 θ の値の変化もわずかである，という条件を満足する必要がある．

推定量 $\hat{\theta}$ の偏り $\mathrm{bias}\,\hat{\theta} = H_b(F) = E_F\,[\hat{\theta}(Y_1,\cdots,Y_n)-\theta(F)]$ の推定問題は，ブートストラップ法が適用可能な問題(6)の特殊な場合と考えられる．したがって一般論(9)を適用すれば，**ブートストラップ偏り推定量**(bootstrap bias estimator)は

$$\widehat{\mathrm{bias}}\,\hat{\theta} = E_{F_n}\,[\hat{\theta}(Y_1^*,\cdots,Y_n^*) - \theta(F_n)] \tag{32}$$

で与えられ，**ブートストラップ偏り修正済み推定量**(bootstrap bias-corrected estimator)は

$$\tilde{\theta} = \hat{\theta} - \widehat{\mathrm{bias}}\,\hat{\theta} \tag{33}$$

となる．推定量 $\hat{\theta}$ が差込推定量の場合，すなわち $\hat{\theta}=\theta(F_n)$ の場合には，推定量(33)は

$$\tilde{\theta} = 2\hat{\theta} - E_{F_n}\,\hat{\theta}^*$$

となる．分散の場合と同様，(32)は通常次のモンテカルロ近似によって計算される．

$$\widehat{\mathrm{bias}_{\mathrm{B}}}\,\hat{\theta} = \frac{1}{B}\sum_{b=1}^{B}[\hat{\theta}(Y_1^{*b},\cdots,Y_n^{*b}) - \theta(F_n)]$$

ここで，偏り推定量(32)が合理的な推定量であることを，簡単な場合

について確認してみよう．標本分散 $\hat{\theta}=n^{-1}\sum_{j=1}^{n}(Y_j-\bar{Y})^2$ により母分散 $\theta=\sigma^2=\int(y-E_F Y)^2\,dF(y)$ を推定する場合を考える．このとき，差込推定量 $\hat{\theta}$ の偏りは $\mathrm{bias}\,\hat{\theta}=-\sigma^2/n$ となる．経験分布 F_n の分散が $\hat{\theta}$ であることに注意すれば，ブートストラップ偏り推定量は

$$
\begin{aligned}
\widehat{\mathrm{bias}}\,\hat{\theta} &= E_{F_n}\left[\frac{1}{n}\sum_{j=1}^{n}(Y_j^*-\bar{Y}^*)^2-\hat{\theta}\right] \\
&= \frac{(n-1)}{n}\hat{\theta}-\hat{\theta} \\
&= -\frac{1}{n}\hat{\theta}
\end{aligned}
$$

と計算できる．これを $\hat{\theta}$ の真の偏りと比較すれば，ブートストラップ偏り推定量は $\hat{\theta}$ の偏りの差込推定量となっていることがわかる．また，ブートストラップ偏り修正済み推定量

$$
\tilde{\theta}=\hat{\theta}-\widehat{\mathrm{bias}}\,\hat{\theta}=\frac{n+1}{n}\hat{\theta}
$$

の偏りが，$\mathrm{bias}\,\tilde{\theta}=-n^{-2}\sigma^2$ となることも確かめられる．$\tilde{\theta}$ に対してさらにブートストラップ法を適用すれば，$O(n^{-3})$ のオーダーの偏りしかもたない推定量を構成することもできる．

ここで紹介したブートストラップ偏り推定量(32)は，きわめて一般的なものである．そこでは，推定量 $\hat{\theta}$ の構造に関する情報や，推定量と推定目標の関係に関する知識は，明示的には利用されていない．しかし推定量と推定目標の関係の情報を使うことにより，(32)を改良することも可能である．差込推定量の場合(Efron and Tibshirani, 1993，10.4 節参照)や，滑らかな関数モデル(Wang and Taguri，1998 参照)の場合などについて，より良い推定量が提案されている．

(c)　応用例：誤判別率の推定

病気の診断などで見られる**パターン認識**(pattern recognition)の問題は，次のような 2 群の**判別分析**(discriminant analysis)の問題として定式化できる場合も多い．これは，未知の分布関数 F_1，F_2 をもつ母集団 I, II からの

無作為標本

$$F_1 \Longrightarrow \boldsymbol{x}_1 = \{x_{11}, \cdots, x_{1m}\}, \quad F_2 \Longrightarrow \boldsymbol{x}_2 = \{x_{21}, \cdots, x_{2n}\}$$

が得られたとき，将来観測されるデータ $\boldsymbol{x}$ を正しい母集団に分類する問題である．判別分析の基本的な考え方は，適切な判別ルールを決め，標本空間の部分集合である判別領域 R を作り，次のようにして「パターン」を「認識」することにある．

$$\begin{aligned} \boldsymbol{x} \in R \text{のとき} \quad &\Longrightarrow \quad \boldsymbol{x} \text{を母集団 I に分類} \\ \boldsymbol{x} \notin R \text{のとき} \quad &\Longrightarrow \quad \boldsymbol{x} \text{を母集団 II に分類} \end{aligned}$$

判別分析の目的は，2 種類の誤判別確率

$$\begin{aligned} e_1(F_1, \boldsymbol{x}_1, \boldsymbol{x}_2) &= \int_{x \notin R} dF_1(x) \\ e_2(F_2, \boldsymbol{x}_1, \boldsymbol{x}_2) &= \int_{x \in R} dF_2(x) \end{aligned} \tag{34}$$

を最小にするように，もっとも良い判別方式を定めることである．ここで $e_1(e_2)$ は，母集団 $F_1(F_2)$からの標本を誤って $F_2(F_1)$ に属すると判別してしまう確率である．(34)における R は，一般にはデータに依存して決めるので，2 種類の誤判別率は確率変数である．以下では e_1 のみについて検討を行う．最適化を行うためには適当な目的関数を設定する必要があるが，ここではそれを平均誤判別率

$$\theta_1 = T_1(F_1, F_2) = E_{F_1, F_2}\left[e_1(F_1, \boldsymbol{x}_1, \boldsymbol{x}_2)\right] \tag{35}$$

とする．したがって(35)で定義される平均誤判別率 θ_1 の推定が，判別分析における本質的な問題である．

差込原理を適用すれば，見かけ上の誤判別率(apparent error rate)を次のように構成することができる．

$$\hat{\theta}_1 = T_1(F_{1m}, F_{2n}) = \int_{x \notin R} dF_{1m}(x) = \frac{1}{m} \sharp\{x_{1j} \notin R\}_{j=1}^{m} \tag{36}$$

ここで F_{1m} と F_{2n} は，それぞれ標本 $\boldsymbol{x}_1$ と $\boldsymbol{x}_2$ に基づく経験分布関数である．見かけ上の誤判別率 $\hat{\theta}_1$ は，母集団 I からの標本 $\boldsymbol{x}_1$ のうち誤って母集団 II に分類してしまった割合である．

(36)における判別領域 R は，この目的関数を最小にするように決められるので，一般には標本 $\boldsymbol{x}_1$, $\boldsymbol{x}_2$ に依存している．ところで見かけ上の誤判別率 $\hat{\theta}_1$ も，同じ標本を使って平均誤判別率(35)の推定を行おうとしているため，真の誤判別率を過小評価する傾向があり，負の偏りをもつ場合が多い．この意味で見かけ上の誤判別率は「楽観的」であることが予想できるが，同様な現象はモデル選択の場合などにも生じる．したがって，見かけ上の誤判別率 $\hat{\theta}_1$ などの偏りの修正は重要な問題である．

見かけ上の誤判別率 $\hat{\theta}_1$ の偏りは

$$\begin{aligned}\mathrm{bias}\,\hat{\theta}_1 &= E_{F_1,F_2}[T_1(F_{1m},F_{2n})-T_1(F_1,F_2)]\\ &= E_{F_1,F_2}\left[\frac{1}{m}\sharp\{x_{1j}\notin R\}_{j=1}^{m}-\int_{x\notin R}dF_1(x)\right] \qquad (37)\end{aligned}$$

と計算できるので，$\hat{\theta}_1$ に対するブートストラップ偏り推定量は

$$\begin{aligned}\widehat{\mathrm{bias}_{\mathrm{B}}}\,\hat{\theta}_1 &= E_{F_{1m},F_{2n}}[T_1(F_{1m}^*,F_{2n}^*)-T_1(F_{1m},F_{2n})]\\ &= E_{F_{1m},F_{2n}}\left[\frac{1}{m}\sharp\{X_{1j}^*\notin R^*\}_{j=1}^{m}-\frac{1}{m}\sharp\{x_{1j}\notin R\}_{j=1}^{m}\right] \qquad (38)\end{aligned}$$

となる．ここで $\boldsymbol{X}_1^*$, $\boldsymbol{X}_2^*$ は，それぞれ経験分布 F_{1m}, F_{2n} からのブートストラップ標本を表わし，F_{1m}^*, F_{2n}^* はそれぞれ $\boldsymbol{X}_1^*$, $\boldsymbol{X}_2^*$ に基づく経験分布関数を表わしている．また R^* は，ブートストラップ標本 $\boldsymbol{X}_1^*$, $\boldsymbol{X}_2^*$ に基づいて決定された判別領域である．したがって，$\hat{\theta}_1$ の偏りを修正した推定量は $\tilde{\theta}_1=\hat{\theta}_1-\widehat{\mathrm{bias}}\,\hat{\theta}_1$ となる．この $\tilde{\theta}_1$ を最小にするように判別ルールを決めるのが，ブートストラップ判別分析法である．これ以外でよく使われている判別分析の方法としては，交差確認法がある．交差確認法に比べてブートストラップ判別法では，誤判別率推定量の分散が小さく偏りが大きいという現象が報告されている．ブートストラップ判別分析の詳細については，たとえば小西と本多(1992)などを参照のこと．

(d) 偏り推定における問題点

推定量が不偏性をもつということは，データがまったく同じ条件の下で繰り返し抽出されるとき，推定量 $\hat{\theta}$ の値が平均的にはちょうど推定目標 θ に一致することを意味している．不偏性の要請は非常に直感的でわかりやす

いので，とくに頻度論の立場から良い推定量を構成するための重要な規準として採用されている．不偏推定量の族の中で，パラメータに関して一様に分散が最小となる推定量は，**一様最小分散不偏推定量**(uniformly minimum variance unbiased estimator, UMVUE)とよばれている．最尤推定などの場合には，一般に不偏推定量の構成はむずかしく，実際には**平均 2 乗誤差**(mean squared error, MSE)をなるべく小さくする規準がしばしば用いられている．

不偏推定に関しては，次に述べるような問題点が指摘されているので，吟味せずに偏りの少ない推定量を選択することは，必ずしも望ましいこととは限らない．

(1) 推定量の不偏性は，パラメータ変換に関して不変性(invariance)をもたない．たとえば，$\hat{\sigma}^2 = (n-1)^{-1}\sum_{j=1}^{n}(Y_j - \bar{Y})^2$ は母分散 σ^2 の不偏推定量であるが，不等式 $E\,\hat{\sigma} < \sigma$ が成り立つため，$\hat{\sigma}\ (>0)$ は σ の過小推定量であり，不偏性をもっていない．

(2) 不偏推定量が作れない場合もある．たとえば 2 項分布 $\mathrm{Bi}(n, p)$ に対して，$\theta = 1/p$ の不偏推定量は存在しない．このような場合には，偏りを減少させると分散が増大してしまう危険性がある．

(3) 一様最小分散不偏推定量 $\hat{\theta}$ のとる値が，パラメータ空間 Θ に入らない確率が正となる場合もある．たとえば $\Theta = \{\theta \mid \theta > 0\}$ に対して，$\Pr\{\hat{\theta} < 0\} > 0$ となってしまう場合もある．

不偏推定の問題点に関しては竹村(1991, 7.4 節)に詳しいので，興味があればそれを参照のこと．

3 信頼区間の構成

3.1 3 種類のブートストラップ信頼区間

本章では，信頼区間(confidence interval)を構成するための 3 種類のブートストラップ法について述べる．もっとも簡単な方法は，パーセンタイル法とよばれるものであり，「変換に対して性質を保存する」という特徴をもっている．すなわち，$\hat{\theta}_\alpha$ を**信頼度**(confidence level) $1-\alpha$ のパーセンタイル・ブートストラップ信頼区間の上側端点とし，$\xi(\theta)$ をパラメータ θ の単調変換とすれば，ξ に対する信頼度 $1-\alpha$ のパーセンタイル・ブートストラップ信頼区間の上側端点は，$\xi(\hat{\theta}_\alpha)$ で与えられる．以下ではこの性質を，**変換保存性**(transformation preserving property)とよぶ．

第 2 の方法はブートストラップ t 法とよばれるものであるが，この方法では推定量の分散の推定が必要となる．もしこの推定量の分散推定値が信頼できるものであれば，ブートストラップ t 法による信頼区間は，**被覆誤差**(coverage error)の観点から考えて通常良い性質をもっている．この方法の欠点は，信頼区間の幅が長くなってしまう場合が多いことである．分散推定値があまり信頼できない場合には，この方法の適用には注意が必要である．またブートストラップ t 法による信頼区間は，変換保存性はもっていない．

第 3 の方法は BC_a 法とよばれるもので，パーセンタイル・ブートストラップ法を改良した方法である．BC_a 法は正規化変換の理論に基づく方法であるが，これをパラメータ θ の推定に適用する場合には，次のような仮定が必要である．すなわち θ に対する推定量を $\hat{\theta}$ とするとき，ある単調変換 $g(\theta)$ が存在し，$(g(\hat{\theta})-g(\theta))/\sigma_g$ の分布を標準正規分布によって近似するときの誤差が $o(n^{-1/2})$ となることを前提としている．ここで σ_g は $g(\hat{\theta})$ の標準誤差を表わしている．ただし BC_a 法を適用する場合には，正規化変換とよばれる単調関数 g を特定する必要はなく，その代わりに $\hat{\theta}$ の 1 次の偏り z_0 と加速定数とよばれる量 a を推定すればよい．偏り z_0 と加速定数 a はともに $O(n^{-1/2})$ のオーダーの量であり，標本の大きさ n がある程度大きければ，$z_0 \approx 0, a \approx 0$ とみなすことができる．したがってデータ数が大きい場合には，BC_a 法による改良はあまり期待できないであろう．BC_a 法に基づく信頼区間は，パーセンタイル法より被覆確率の観点から優れた性質をもっており，また変換保存性ももっている．しかし偏り z_0 の推定は通常ブートストラップ標本に基づいて行うため，ブートストラップ反復回数をかなり大きくとらないと，偏り z_0 に対する信頼できる推定量が作れないことはこの方法の欠点といえよう．

なお，ブートストラップ信頼区間の理論的性質の詳細については，Hall (1992)を参照のこと．

3.2 信頼区間についてのいくつかの基本的性質

本節では，ブートストラップ法により信頼区間を構成する方法やその性質について解説する前に，これまで伝統的に用いられてきた正規近似に基づく方法やその基本的性質などについて概説しておこう．

仮説検定や信頼区間の構成などの統計的推測においては，分布関数の推定が中心的な問題である．ここで通常は，推定量 $\hat{\theta}$ そのものよりは，$\hat{\theta}$ の関数である確率変数 $G(\hat{\theta}, F)$ の分布関数を求めたい場合が多い．たとえば，$G(\hat{\theta}, F)=\sqrt{n}\,(\hat{\theta}-\theta(F))$ や，$G(\hat{\theta}, F)=(\hat{\theta}-\theta(F))/\sqrt{\mathrm{Var}\,\hat{\theta}}$ などを対象とする場合が多い．このような関数 $G(\cdot,\cdot)$ は，多くの場合漸近的に正規分布のような標準的な分布に収束するので便利である．さて $G(\cdot,\cdot)$ の分布関数は，定義により

$$
\begin{aligned}
H(F,t) &= \Pr[G(\hat{\theta},\, F) \le t] \\
&= E_F[\delta\big(G(\hat{\theta},\, F) \le t\big)]
\end{aligned}
\tag{39}
$$

となることから，(6)における $T(\cdot,\cdot)$ を $T_d(\hat{\theta}, F)=\delta(G(\hat{\theta}, F)\le t)$ と考えればよい．分布関数の計算ができれば，分位点(quantile)またはパーセント点(percentitile)の計算もできる．任意の α $(0<\alpha<1)$ に対し，(39)で定められる分布関数 $H(F,t)$ の 100α パーセント点 w_α は $H(F,w_\alpha)=\alpha$ によって定義されるので，(39)を使えば $w_\alpha=H^{-1}(F,\alpha)$ のブートストラップ推定も行える．

ここでまず，信頼区間の構成方法について考えてみよう．興味のあるパラメータ θ に対してある推定量 $\hat{\theta}$ が存在し，それは大きさ n の標本の関数として明示的に与えられているとする．いま $\hat{\sigma}^2/n$ を $\hat{\theta}$ の分散に対する一致推定量(consistent estimator)とすれば，多くの場合中心極限定理により

$$T = \frac{\sqrt{n}\,(\hat{\theta} - \theta)}{\hat{\sigma}} \xrightarrow{d} N(0,\,1)$$

が成り立つ．これは標本数 n が大きくなれば，T の分布が標準正規分布 $N(0,1)$ により近似できることを表わしている．この近似の程度は，一般的には**1 次の正確度**(first-order accuracy)しかもっていない．すなわち

$$\Pr\{T \leq t\} = \Phi(t) + O(n^{-1/2}) \tag{40}$$

が成り立つ．ここで $\Phi(t)$ は，標準正規分布 $N(0,1)$ の分布関数を表わしている．

さて，z_α を $N(0,1)$ の 100α 番目のパーセント点，すなわち $\Phi(z_\alpha)=\alpha$ を満たす点とする．(40)より，$\Pr\{\sqrt{n}\,(\hat{\theta}-\theta)/\hat{\sigma} \geq z_\alpha\} = 1-\alpha+O(n^{-1/2})$ が成立するが，これはまた

$$\Pr\{\theta \leq \hat{\theta} - n^{-1/2}\hat{\sigma}z_\alpha\} = 1-\alpha+O(n^{-1/2}) \tag{41}$$

と表現できる．したがって θ に対する信頼度 $1-\alpha$ の下側信頼区間は

$$I_L = (-\infty,\, \hat{\theta}_{1-\alpha}) = (-\infty,\, \hat{\theta} - n^{-1/2}\hat{\sigma}z_\alpha) \tag{42}$$

で与えられ，(41)より漸近正規性に基づく信頼区間の被覆誤差は次のようになる．

$$\Pr\{\theta \in I_L\} - (1-\alpha) = O(n^{-1/2})$$

被覆誤差が $O(n^{-1/2})$ であるような信頼区間は，1 次の正確度をもつとよばれる．ブートストラップ法では，上記の信頼区間 I_L の上側端点 $\hat{\theta}_{1-\alpha}$ をブートストラップ標本分布から計算するが，その結果得られるブートストラップ信頼区間 $\hat{I}_L$ は**2 次の正確度**(second-order accuracy)をもっており，

$$\Pr\{\theta \in \hat{I}_L\} - (1-\alpha) = O(n^{-1})$$

が成り立つ．以上の議論の詳細については，Hall(1992)を参照のこと．

ここまでは下側信頼区間の構成を考えたが，(40)より同様な議論が上側信頼区間の場合にも成り立つ．すなわち信頼度 $1-\alpha$ の上側信頼区間は，

$$I_U = (\hat{\theta}_\alpha,\, \infty) = (\hat{\theta} - n^{-1/2}\hat{\sigma}z_{1-\alpha},\, \infty)$$

で与えられる．またこれらより，信頼度 $1-2\alpha$ の両側信頼区間は次で与えられる．

$$I = (\hat{\theta}_\alpha,\, \hat{\theta}_{1-\alpha}) = (\hat{\theta} - n^{-1/2}\hat{\sigma}z_{1-\alpha},\, \hat{\theta} - n^{-1/2}\hat{\sigma}z_\alpha)$$

3.3　パーセンタイル法

本節以降ではブートストラップ法を用いた信頼区間の構成について述べるが，まずもっとも簡単なパーセンタイル法(percentile method)とよばれる方法から始めよう．この方法は，(41)から導出された正規理論に基づく信頼区間と，漸近的に同じ正確度をもっている．すなわちパーセンタイル・ブートストラップ信頼区間は，一般には1次の正確度しかもっていない．しかしこの方法は，正規理論に基づく方法と比較するとより一般的な状況に適用でき，またアルゴリズムが簡単でかつ「変換保存性」をもっているので，標本数 n が小さいか中程度の場合には適用してみる価値があろう．後述するように，この方法を修正して，2次の正確度をもつブートストラップ信頼区間を構成することも可能である．

さて，ノンパラメトリック・ブートストラップ法は非常に有用な方法であるが，状況によってはパラメトリック・ブートストラップ法とよばれる方法が適用できる場合もある．いま，独立同分布にしたがう($i.i.d.$)確率変数 $Y_1,\cdots,Y_n$ の実現値と見なせる1組の標本 $y_1,\cdots,y_n$ が与えられたとしよう．ここで各 Y_i は密度関数 $p(y_i,\theta)$ をもつとし，$p(y,\theta)$ の関数形はわかっているものとする．パラメータ θ に対する信頼度 $1-\alpha$ の信頼区間の構成に興味がある場合を考えよう．$\hat{\theta}=\hat{\theta}(y_1,\cdots,y_n)$ を，θ に対するある推定量とするが，これは最尤推定量であってもそうでなくてもよい．もし，たとえば尤度比統計量に基づくような理論的に難解な方法を適用したくない場合には，パラメトリック・パーセンタイル法を用いればよい．この方法によってパラメータ θ に対する信頼区間を求めるアルゴリズムは，次のようになる．

アルゴリズム **2**：

パラメトリック・パーセンタイル・ブートストラップ信頼区間

これは，次の3つの手順により計算できる．

(1) 大きさ n の $i.i.d.$ ブートストラップ標本 Y_i^*, $i=1,\cdots,n$ を，密

度関数 $p(y,\hat{\theta})$ をもつ分布から抽出する．

(2) $\hat{\theta}=\hat{\theta}(y_1,\cdots,y_n)$ における y_i を Y_i^* で置き換え $(i=1,\cdots,n)$，ブートストラップ推定量 $\hat{\theta}^*=\hat{\theta}(Y_1^*,\cdots,Y_n^*)$ の値を計算する．これを十分多くの回数(B 回)繰り返し，$\hat{\theta}_1^*,\cdots,\hat{\theta}_B^*$ を求める．

(3) $\hat{\theta}_\alpha=\hat{\theta}^*_{(\alpha B)}$ とする．ここで αB は自然数とし，$\hat{\theta}^*_{(\alpha B)}$ は $\hat{\theta}_1^*,\cdots,\hat{\theta}_B^*$ に対する αB 番目の順序統計量とする．このとき $(\hat{\theta}_\alpha,\infty)$ は，θ に対する名目上の被覆確率 $1-\alpha$ をもつ上側信頼区間となる．下側信頼区間や両側信頼区間も同様にして構成することができる．

次にノンパラメトリック・ブートストラップ法のアルゴリズムを考えてみよう．この方法では，いかなるパラメトリックモデルも仮定する必要はなく，与えられた観測値からの復元抽出によりブートストラップ標本を構成する．それ以外の手順は，上で与えたアルゴリズム 2 と同様であり，次のようになる．

アルゴリズム **3**：

ノンパラメトリック・パーセンタイル・ブートストラップ信頼区間

F_n を，観測値 $y_1,\cdots,y_n$ に基づいて作られた経験分布関数とする．

(1) $y_1,\cdots,y_n$ から，復元抽出により互いに独立なリサンプル(resample) $Y_1^*,\cdots,Y_n^*$ を抽出する．

(2) ブートストラップ推定量 $\hat{\theta}^*=\hat{\theta}(Y_1^*,\cdots,Y_n^*)$ の値を計算する．これを B 回繰り返し，$\hat{\theta}_1^*,\cdots,\hat{\theta}_B^*$ を求める．

(3) $(\hat{\theta}_\alpha,\infty)=(\hat{\theta}^*_{(\alpha B)},\infty)$ を構成すれば，これが θ に対する信頼度 $1-\alpha$ の信頼区間である．ここで $\hat{\theta}^*_{(\alpha B)}$ は，アルゴリズム 2 と同様なものである．

3.4 ブートストラップ t 法

前節で述べたパーセンタイル法は，ブートストラップ信頼区間を構成するために用いる推定量 $\hat{\theta}$ の分散推定値を求める必要がない点では，簡便な方法である．しかし，信頼区間の被覆確率の観点からは満足できるものとは限らず，一般的には本節で述べるブートストラップ $\boldsymbol{t}$ 法のほうが精度が良い．ここでは，$\hat{\theta}$ の標準誤差に対する信頼できる推定値 $\hat{\sigma}/\sqrt{n}$ が得られることを前提とする．

(40)より，スチューデント化された量 $T=\sqrt{n}(\hat{\theta}-\theta)/\hat{\sigma}$ の分布に対する正規近似は，1 次の正確度しかもっていない．これに対して，ノンパラメトリック・ブートストラップ標本に基づく T^* のブートストラップ分布は，T の分布に対して 2 次の正確度をもっている．ブートストラップ t 法のアイデアは，この事実に基づいたものである．実際比較的ゆるやかな条件の下で，次の 2 つの式が成り立つ．

$$\Pr\{T \le t\} = \Phi(t) + n^{-1/2}p(t)\phi(t) + O(n^{-1})$$
$$\Pr\{T^* \le t\} = \Phi(t) + n^{-1/2}\hat{p}(t)\phi(t) + O_p(n^{-1})$$

ここで $p(t)$ は 2 次の偶関数多項式であり，$\hat{p}(t)$ は $p(t)$ に含まれる未知の量を標本から計算した推定値で置き換えた関数である．また $\Phi(t)$, $\phi(t)$ は，それぞれ標準正規分布の分布関数，密度関数を表わしている．$O_p(n^{-1})$ は，$n \to \infty$ のとき $nO_p(n^{-1})$ が確率的に有界となる量を表わしている．これらの結果から

$$\Pr\{T \le t\} - \Pr\{T^* \le t\} = O_p(n^{-1}) \tag{43}$$

が成立し，したがって $\Pr\{T^* \le t\}$ は 2 次の正確度をもつことがわかる．同様な議論を行えば，T^* の分布の 100α 番目のパーセント点 w_α は，T の分布の 100α 番目のパーセント点の近似として，2 次の正確度をもつこともわかる．これに対して正規近似に基づくパーセント点 z_α は，1 次の正確度しかもっていない．以上の議論より，$\Pr\{\sqrt{n}(\hat{\theta}-\theta)/\hat{\sigma} \ge w_\alpha\} = 1-\alpha+O(n^{-1})$ なる関係，すなわち

$$\Pr\{\theta \le \hat{\theta} - n^{-1/2}\hat{\sigma}w_\alpha\} = 1-\alpha+O(n^{-1})$$

が成立することがわかる．したがって

$$(-\infty,\, \hat{\theta} - n^{-1/2}\hat{\sigma}w_\alpha) \tag{44}$$

は，2 次の正確度をもつ信頼度 $1-\alpha$ の信頼区間となる．これに対して正

規近似に基づく信頼区間は，(41)より1次の正確度しかもっていない．ここで(44)と(42)の違いは，(42)における正規分布のパーセント点 z_α が，(44)では T^* のブートストラップ分布のパーセント点 w_α によって置き換えられているだけである．これらの議論の詳細については，Hall(1992)を参照のこと．次にブートストラップ t 法の手順をまとめておこう．

アルゴリズム 4: ブートストラップ t 法

$y_1, \cdots, y_n$ を，*i.i.d.* 確率変数 $Y_1, \cdots, Y_n$ の1組の実現値とする．

(1) $y_1, \cdots, y_n$ から復元抽出により，互いに独立なリサンプル $Y_1^*, \cdots, Y_n^*$ を抽出する．

(2) 手順(1)で得られたリサンプルを用いて，$\hat{\theta}$ および $\hat{\sigma}$ に対するブートストラップ推定値 $\hat{\theta}^*$ および $\hat{\sigma}^*$ を計算する．

(3) ブートストラップ t 値 $T^* = \sqrt{n}(\hat{\theta}^* - \hat{\theta})/\hat{\sigma}^*$ を計算する．これを十分多数回(B 回)繰り返し，$T_1^*, \cdots, T_B^*$ を求める．

(4) $w_\alpha = T^*_{(\alpha B)}$ とする．ここで $T^*_{(\alpha B)}$ は，アルゴリズム2と同様な順序統計量であり，また αB は自然数とする．このとき(44)で与えられた区間 $(-\infty, \hat{\theta} - n^{-1/2}\hat{\sigma}w_\alpha)$ は，名目上の被覆確率 $1-\alpha$ をもつ下側信頼区間となる．上側信頼区間や両側信頼区間も同様にして構成することができる．

3.5　BC$_a$ 法

考察の対象としている推定量 $\hat{\theta}$ は，パラメータ θ に対してかなりの偏りをもっているかもしれないし，また $\hat{\theta}$ の分布はかなりの歪み(skewness)をもっているかもしれない．このような可能性がある場合には，3.3節で述べたパーセンタイル・ブートストラップ法により信頼区間を構成するのはあまり適切ではない．なぜならパーセンタイル法では，$\hat{\theta}$ に対するブートストラップ推定量 $\hat{\theta}^*$ の分布を修正することなくパーセント点を求めているため，推定量の偏りや分布の歪みの影響を直接的に受けてしまうからである．

これを改良するため本節で述べる BC_a 法では，$\hat{\theta}$ の偏りと歪みを同時に補正することを考える．

ここでは通常よく使われるノンパラメトリックな場合についてのみ考えるが，以下で与えるアルゴリズム 5 をパラメトリックな場合に修正して適用することは容易であろう．この方法において本質的に重要な点は，偏り修正量(amount of bias-correction) z_0 の推定と，加速定数(acceleration constant)とよばれる量 a の推定の 2 点である．

さて $\hat{\theta}^*$ を，ノンパラメトリック・パーセンタイル・ブートストラップ法において定義した量とする．このときもとのデータから計算される $\hat{\theta}$ の値は，$\hat{\theta}^*$ の分布の中央部分に位置する場合もあれば，そうでない場合もあろう．この食い違いを表わす量，すなわち $\hat{\theta}^*$ の分布の中心と $\hat{\theta}$ との偏差

$$z_0 = \Phi^{-1}(\Pr[\hat{\theta}^* \leq \hat{\theta}])$$

は，推定値 $\hat{\theta}$ の θ に対する偏りの程度を表わす 1 つの尺度と考えられる．ただし Φ は，標準正規分布の分布関数である．もしブートストラップ推定値 $\hat{\theta}^*$ のうちのちょうど半分が $\hat{\theta}$ の値より小さければ，$\Pr[\hat{\theta}^* \leq \hat{\theta}] = 0.5$ であり，したがって $z_0 = 0$ となる．この z_0 のモンテカルロ推定値は，B 回の反復により得られる $\hat{\theta}$ のブートストラップ推定値 $\hat{\theta}_1^*, \cdots, \hat{\theta}_B^*$ を用いて，次のように得られる．

$$\hat{z}_0 = \Phi^{-1}\left(\frac{1}{B}\ \sharp\{\hat{\theta}_b^* < \hat{\theta}\}\right) \tag{45}$$

ここで偏り修正量の推定値 $\hat{z}_0$ が信頼できるものであるためには，(45)における B を対応するパーセンタイル法のそれより，通常倍程度大きくとらなければならないことに注意が必要である．

次に加速定数 a については，(45)により z_0 の推定を行った際用いたものと同じブートストラップ標本に基づいて推定を行うこともできる．しかし通常は計算量を節約するために，正則な推定量 $\hat{\theta}$ に対しては，以下のような推定値が用いられる場合が多い．ここで $\hat{\theta}$ が正則であるとは，推定量 $\hat{\theta}$ が $i.i.d.$ 標本 $y_1, \cdots, y_n$ から作られる経験分布関数 F_n の滑らかな関数として表わせることを意味している．さて $\hat{\theta}_{(i)}$ を，もとのデータから i 番目のデータ y_i を取り除いたものから計算された $\hat{\theta}$ の値としよう．すなわち

$$\hat{\theta}_{(i)} = \hat{\theta}(y_1, \cdots, y_{i-1}, y_{i+1}, \cdots, y_n), \quad i = 1, \cdots, n$$

である．ここで $\hat{\theta}_{(\cdot)} = n^{-1}\sum_{i=1}^{n}\hat{\theta}_{(i)}$ と定義すれば，加速定数 a は次式により推定することができる．

$$\hat{a} = \frac{\sum_{i=1}^{n}(\hat{\theta}_{(\cdot)} - \hat{\theta}_{(i)})^3}{6\left\{\sum_{i=1}^{n}(\hat{\theta}_{(\cdot)} - \hat{\theta}_{(i)})^2\right\}^{3/2}} \tag{46}$$

加速定数推定量(46)は，統計量 $\hat{\theta}$ に対して「正規化変換理論」を適用すれば自然に導くことができる(Konishi, 1991, 4.1 節参照)．また上で定義した $\hat{\theta}_{(\cdot)}$ を用いて，$n\hat{\theta} - (n-1)\hat{\theta}_{(\cdot)}$ により計算される量は，θ に対するジャックナイフ推定値(jackknife estimate)とよばれている．

以上で説明した BC_a 法についてのより詳しい解説は Davison と Hinkley(1997)などに与えられているが，ここでそのアルゴリズムをまとめておこう．

アルゴリズム 5：$\mathbf{BC}_a$ 法

$y_1, \cdots, y_n$ を，*i.i.d.* 確率変数 $Y_1, \cdots, Y_n$ の 1 組の実現値とする．

(1) $y_1, \cdots, y_n$ からの独立な復元抽出により，ブートストラップ標本 $Y_1^*, \cdots, Y_n^*$ を構成する．

(2) ブートストラップ推定値を，$\hat{\theta}^* = \hat{\theta}(Y_1^*, \cdots, Y_n^*)$ により計算する．これを多数回(B 回)繰り返し，$\hat{\theta}_1^*, \cdots, \hat{\theta}_B^*$ を求める．

(3) 偏り修正推定量 $\hat{z}_0$ および加速定数推定量 $\hat{a}$ の値を，(45)および(46)により計算する．

(4) $(\hat{\theta}_\alpha, \infty) = (\hat{\theta}^*_{(\hat{\alpha}B)}, \infty)$ を，θ に対する信頼度 $1-\alpha$ の上側信頼区間とする．ここで任意の α $(0 < \alpha < 1)$ に対して，$\hat{\alpha}$ は次により求める．

$$\hat{\alpha} = \Phi\left(\hat{z}_0 + \frac{\hat{z}_0 + z_\alpha}{1 - \hat{a}(\hat{z}_0 + z_\alpha)}\right) \tag{47}$$

下側信頼区間の構成法も同様である．また信頼度 $1-2\alpha$ の両側信頼区間は $(\theta_{\hat{\alpha}}, \theta_{\widehat{1-\alpha}}) = (\hat{\theta}^*_{(\hat{\alpha}B)}, \hat{\theta}^*_{(\widehat{1-\alpha}B)})$ で与えられる．ここで $\widehat{1-\alpha}$ は，(47)の z_α を $z_{1-\alpha}$ で置き換えたものである．

BC_a 法による信頼区間の端点は，パーセンタイル・ブートストラップ法と同じ式によって与えられている．しかしこの場合には，順序統計量 $\hat{\theta}^*_{(\hat{\alpha}B)}$, $\hat{\theta}^*_{(\widehat{1-\alpha}B)}$ を求める際に，(47)により調整を行っている．$\hat{a}=0$ の場合には，$\hat{\alpha}=\Phi(z_\alpha+2\hat{z}_0)$ となる．また $\hat{a}$ と $\hat{z}_0$ がともに 0 の場合には，$\hat{\alpha}=\alpha$ となる．BC_a 法による信頼区間の計算量は，対応するパーセンタイル法の場合の倍程度ですむが，BC_a 法は 2 次の正確度をもっている．すなわち，真のパラメータの値がその信頼区間に含まれない被覆誤差は $O(n^{-1})$ のオーダーである．

ブートストラップ法に基づく信頼区間の構成については小西(1990)にも詳しいので，合わせてそれを参照のこと．

3.6 生物学的同等性問題への適用

本節では，前節までに述べたブートストラップ信頼区間の構成法を，2 剤間の**生物学的同等性**(bioequivalence)の問題に適用してみよう．いま，新薬(B)の効果を認可薬(A)の効果と比較したいとする．このような場合，プラシーボ(偽薬)を利用して検討を行うのが普通である．生物学的同等性を検証するための基本的な実験のやり方は，n 人の患者を選んで新薬，認可薬およびプラシーボを投与した後に，患者の反応を測定するというものである．これにより得られるデータは，表 4 のような形式となる．この表から各薬の効果の差として，次のような量を計算することができる．

$$X = 認可薬 - プラシーボ, \quad Y = 新薬 - 認可薬$$

表 4 生物学的同等性問題における典型的なデータの形式

患者	認可薬(A)	新薬(B)	プラシーボ
1	a_1	b_1	c_1
2	a_2	b_2	c_1
⋮	⋮	⋮	⋮
n	a_n	b_n	c_n

この問題を解析するため，上で定義した X, Y の平均 $\mu=EX$, $\nu=EY$ の比 $r=\nu/\mu$ を利用する方法がよく用いられる．もし r に対する信頼度 $1-\alpha$

の信頼区間が，あらかじめ定められた区間 $[-a, a]$ $(a>0)$ に含まれている場合には，2 剤 A, B は生物学的同等性をもつといわれる．いいかえれば確率 $1-\alpha$ で，2 剤 A, B の効果の差の絶対値が，認可薬とプラシーボの効果の差の $100a\%$ 以内であれば，これらは生物学的同等性をもつことになる．アメリカ食品医薬品局(FDA)では，(α, a) の値として $(0.1, 0.2)$ を採用している．

ところで前節までで述べたブートストラップ法は，信頼区間を構成するための一般的方法であるので，この問題に対してどの方法を適用しても構わない．そこでここではまず表 5 のデータに対して，BC_a 法を適用して解析を行ってみよう．表 5 は，8 人の患者に対する認可薬，新薬，プラシーボ投与後の血液レベルを示したデータであり，Efron と Tibshirani(1993, p. 373)から引用したものである．

表 5　認可薬(A)，新薬(B)およびプラシーボ投与後の血液レベル

患者	認可薬(A)	新薬(B)	プラシーボ
1	17649	16449	9243
2	12013	14614	9671
3	19979	17274	11792
4	21816	23798	13357
5	13850	12560	9055
6	9806	10157	6290
7	17208	16570	12412
8	29044	26325	18806

まず表 5 の値から，8 組の (x_i, y_i), $i=1, \cdots, 8$ の値を求める．比 $r=EY/EX$ に対する自然な推定量は，それぞれの変量の標本平均の比であるから，このデータに対してその値を計算すると $\hat{r}=\bar{y}/\bar{x}=\sum_{i=1}^{8} y_i / \sum_{i=1}^{8} x_i = -0.0713$ となる．この値は，FDA の定めた区間 $[-0.2, 0.2]$ の真ん中辺りに入っているので，生物学的同等性があるだろうと想像できよう．図 2 は，$B=5000$ 回の繰り返しに基づく $\hat{r}^*$ のブートストラップ分布を表わしているが，これを見ても生物学的同等性が成り立ちそうである．

さて，BC_a 法により r に対する信頼度 0.90 の信頼区間 $(\hat{r}_\alpha, \hat{r}_{1-\alpha})$ を構成してみよう．ここで $\hat{r}_\alpha, \hat{r}_{1-\alpha}$ は，それぞれ図 2 で与えたブートストラッ

プ分布の 100α 番目，$100(1-\alpha)$ 番目のパーセント点である．図 2 より，偏り修正量の推定値は $\hat{z}_0=\Phi^{-1}\{\sharp(\hat{r}^{*b}<\hat{r})/B\}=0.015$ と計算できる．一般に z_0 に対する信頼できる推定値を求めるためには，B の値はかなり大きくとる必要があることに注意しなければならない．このデータの場合には $\hat{z}_0>0$ であるから，半数以上のブートストラップ推定値が観測値 $\hat{r}$ の左側にある．また図 2 からわかるように，この場合のブートストラップ分布はやや右に裾をひいている．したがって分布の中央部分では左側に確率が多いことになり，分布が対称の場合と比べて信頼区間が左側にずれることになる．加速定数の推定値は，式(46)より $\hat{a}=0.024$ となる．

ここで $\alpha=0.05$ とし，上で求めた $\hat{z}_0$, $\hat{a}$ の値を用いると，$\widehat{\alpha}=0.0601$, $\widehat{1-\alpha}=0.9593$ となる．この場合，$\widehat{\alpha}+\widehat{1-\alpha}\neq 1$ であることに注意してほしい．以上より，BC$_a$ 法による信頼区間は $(-0.202, 0.132)$ となり，Efron と Tibshirani(1993)で与えられたものとはやや異なっている．しかしいずれの場合でも，結論は同じとなる．すなわちこのデータの場合には，分布が右裾をひく方向に歪んでいるため，信頼区間の下側端点(下限)がわずかながら FDA の定めた区間からはみ出してしまい，2 つの薬剤に生物学的同等性があるとの確証は得られない．

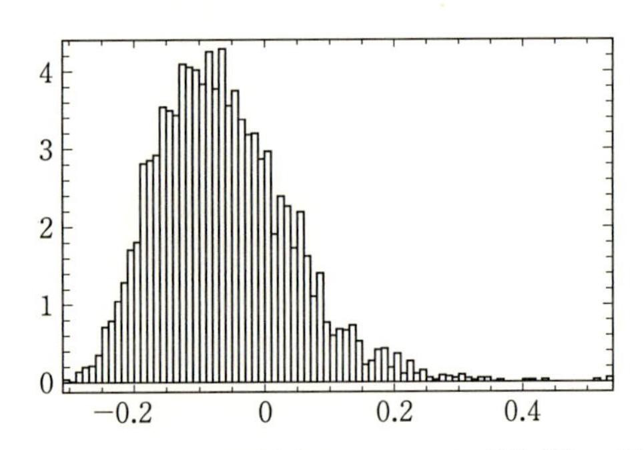

図 2　表 5 のデータに対する，5000 回の繰り返しの場合の $\hat{r}^*=\bar{Y}^*/\bar{X}^*$ のブートストラップ分布(観測値は $\hat{r}=-0.0713$)．

ここまでは，表 5 のデータに対して BC$_a$ 法を適用する方法およびその結果について述べたが，以下ではその他の方法による解析結果を与え，それらの方法の比較・検討を行ってみよう．もし (x_i, y_i), $i=1,\cdots,8$ が，互いに独立に同じ 2 変量正規分布にしたがう確率変数の実現値であることを仮定できれば，次の結果が知られている．

$$T(r) = \frac{\sqrt{n}\,(\bar{y} - r\bar{x})}{\sqrt{s_{yy} - 2rs_{xy} + r^2 s_{xx}}} \sim \sqrt{\frac{n}{n-1}}t_{n-1}$$

すなわち確率変数 $\sqrt{n^{-1}(n-1)}\,T(r)$ は自由度 $n-1$ の t 分布にしたがう．ただし上式において，$s_{yy}=n^{-1}\sum(y_i-\bar{y})^2$, $s_{xy}=n^{-1}\sum(x_i-\bar{x})(y_i-\bar{y})$, $s_{xx}=n^{-1}\sum(x_i-\bar{x})^2$ であり，また t_{n-1} は自由度 $n-1$ の t 分布にしたがう確率変数を表わしている．上記の条件が成立するとき，この結果に基づいて構成される信頼区間は正確なものであり，これは通常 Fieller の信頼区間とよばれている．詳細は Efron と Tibshirani(1993)，25.6 節を参照のこと．表 5 のデータに対してこの方法を適用してみたところ，信頼度 90% の Fieller の信頼区間は(−0.249, 0.170)となった．この信頼区間の下限は，対応する BC_a 法のそれに比べると，FDA の設定した許容値の −0.2 よりさらに左側にずれていることになる．

次に表 5 のデータに対して，パーセンタイル法とブートストラップ t 法を適用して信頼度 90% の信頼区間を求めたところ，表 6 のような結果になった．パーセンタイル法による信頼区間の下限は，図 2 に示されているブートストラップ分布に基づいて構成されたものであり，対応する BC_a 法のそれに非常に近いことがわかる．この 2 つの方法の主たる違いは信頼区間の上限にあり，これは表 6 の第 5 列目に示されている信頼区間の非対称性からも読みとれる．一方，表 6 に示されているブートストラップ t 法による信頼区間は，2000 回のブートストラップ反復によって得られたものである．ここで比推定量 $\hat{r}$ の標準誤差の推定量としては，デルタ推定量(24)を採用した．表 6 からわかるように，ブートストラップ t 法による信頼区間の幅は他の方法によるものよりかなり長くなっている．これはブートストラップ t 法を適用する際に注意すべき点である．比推定のような場合にブートストラップ t 法による信頼区間が長くなってしまうのは，用いられる標準誤差の推定量の不安定性に起因すると考えられる．安定的な標準誤差の推定量を得るためには，パラメータに対する適切な変換を施すことがしばしば有効であるが，このような変換を工夫する必要のないことがパーセンタイル法や BC_a 法などの大きな利点といえよう．

表 6　表 5 のデータに基づいて得られた比 r に対する 90% 信頼区間

方　法	下限(L)	上限(U)	長さ $U-L$	非対称性 $\dfrac{U-\hat{r}}{\hat{r}-L}$
Fieller の方法	−0.249	0.170	0.419	1.358
BC_a 法	−0.202	0.132	0.334	1.555
パーセンタイル法	−0.207	0.119	0.326	1.402
ブートストラップ t 法	−0.259	0.444	0.703	2.745

表 7 は，表 6 における種々の方法の効率的側面における違いをまとめたものである．すなわち種々の方法による比の信頼区間が，FDA の規定した区間 [−0.2, 0.2] に入るような最大の信頼度を調べた結果を示している．ここで各信頼区間の求め方は表 6 と同様である．高い最大信頼度をもつ方法は，生物学的同等性を示すために必要とされる標本数が少なくてすむという意味において良い方法と考えれば，表 7 では BC_a 法とパーセンタイル法が望ましい方法であることになる．また被覆確率の観点からは，ブートストラップ t 法は BC_a 法と同じ 2 次の正確度をもっているが(3.4 節，3.5 節参照)，信頼区間の幅の影響で，この例においてはブートストラップ t 法の効率が著しく悪いことも表 7 から読みとれる．

表 7　表 5 のデータに基づいて得られた比 r に対する信頼区間が，FDA の定めた区間 [−0.2, 0.2] に入るような最大信頼度．

方　法	下限(L)	上限(U)	最大信頼度
Fieller の方法	−0.199	0.084	77%
BC_a 法	−0.199	0.125	89%
パーセンタイル法	−0.199	0.096	87%
ブートストラップ t 法	−0.199	0.148	66%

4 回帰分析

4.1 ブートストラップ回帰分析の考え方

回帰分析(regression analysis)は，いくつかの変数間の関係を解析するための，もっとも有用かつもっとも古くから使われてきた統計的方法の1つであり，その適用には2種類の状況が考えられる．第1の場合は，p 個の**説明変数**(explanatory variable) $X_1,\cdots,X_p$ に依存すると考えられる，**目的変数**(response variable) Y の値を観測するという状況である．この場合の目的は，X_i が Y に与える影響・効果を解析することであるが，この際には通常，X_i は確率変数ではなくある定まった値をとると見なし，したがって X_i にはいかなる分布の仮定も置かない．説明変数 X_i の値は，データ解析を行おうとする者によって適切に計画された実験を実施する点の場合もあれば，単に Y の値と共に得られた X_i の値である場合もある．このような場合には，Y は X_i に従属した変数と考えられ，また X_i は Y を説明するための変数と考えられる．

回帰分析を適用しようとする第2の場合は，Y と X_i の値を同時に観測し，$(Y,X_1,\cdots,X_p)$ のような形式でその値が与えられるという状況である．この場合には，$(Y,X_1,\cdots,X_p)$ はある同時分布 F にしたがう $p+1$ 次元の確率変数ベクトルと見なす．第1の場合と同様われわれの興味は，Y がどのように X_i に依存しているかを解明することにある．しかし第1の状況とは異なり，この場合には説明変数 X_i は定められた計画点などではなく，確率変数である．

上記の2つの状況に応じて，異なる回帰分析を行う必要があるため，適用するブートストラップ法のアルゴリズムも，場合に応じて適切なものを選ばなければならない．第1の状況においては，回帰の残差に着目し，それから種々の方法によりリサンプリングを行ってブートストラップ解析を行う．第 2 の状況の場合には，$\boldsymbol{Z}=(Y, X_1, \cdots, X_p)$ は確率ベクトルと見なされるので，初期標本 $\{\boldsymbol{Z}_1, \cdots, \boldsymbol{Z}_n\}$ からの復元抽出を行い，ノンパラメトリック・ブートストラップ法を適用するのが普通である．ここで n は標本数を表す．本章の以下の節では，主として線形単回帰モデル($p=1$)の場合を対象とする．

4.2　線形回帰モデル

本節では，ブートストラップ法の回帰分析への適用について解説する前に，まずもっとも基本的な線形回帰モデルや，それに関連する統計的推測の問題について，具体的な例題を通して概説しておこう．

図 3 は，Montgomery と Peck(1992, p.10)に掲載されているデータをプロットしたものである．この例によれば，ある種のロケットモーターは，点火発射用火薬と推進維持用火薬を接着剤で張り合わせ，これら 2 種類の火薬を 1 つの金属容器に格納することによって作製されているという．ここでの興味は，推進維持用火薬の時間経過とともに，接着剤の剪断強度がどのように劣化するかという点にある．図 3 において，横軸は推進維持用火薬の経過時間(週単位)を表わしており，縦軸は接着剤の剪断強度(psi[pounds/inch^2]単位)を表わしている．目的変数 y を接着剤の剪断強度とし，説明変数 x を推進維持用火薬の経過時間とすると，図 3 より，y の値は x の値に対して線形な関係で減少する傾向が読みとれる．この関係をモデル化すると，y に対応する確率変数 Y の平均が x の線形関数で与えられるというモデル，$E(Y)=\beta_0+\beta_1 x$ が考えられよう．

このモデルに現われるパラメータ β_0, β_1 の推定を行うためには，誤差の性質を規定しておく必要がある．もっとも簡単な仮定は，

$$Y_i=\beta_0+\beta_1 x_i+\varepsilon_i, \quad i=1, \cdots, n \tag{48}$$

なる関係を想定し，誤差項 ε_i は互いに独立に次の平均と分散をもつとするものである．

$$E\,\varepsilon_i=0, \quad \mathrm{Var}\,\varepsilon_i=\sigma^2, \quad i=1, \cdots, n \tag{49}$$

これら 2 つの式(48)および(49)を同時に満たすものは線形単回帰モデル(simple linear regression model)とよばれ，パラメータ β_0, β_1 は**回帰係数**(regression coefficient)とよばれている．直線の**切片**(intercept) β_0 は，もし $x=0$ が説明変数の定義域に入っている場合には，$x=0$ における y の平均を表わしている．**傾き**(slope) β_1 は，x_i を 1 単位だけ変化させたときの Y_i の平均の変化量を表わしており，この量に興味のある場合が多い．このとき回帰係数 β_1, β_0 に対する**最小 2 乗推定量**(least squares estimator)は，次によって与えられる．

$$\hat{\beta}_1 = \frac{\sum_{i=1}^{n} y_i(x_i - \bar{x})}{\sum_{i=1}^{n}(x_i - \bar{x})^2}, \quad \hat{\beta}_0 = \bar{y} - \hat{\beta}_1 \bar{x} \tag{50}$$

ここで $\bar{x} = \sum_{i=1}^{n} x_i/n$, $\bar{y} = \sum_{i=1}^{n} y_i/n$ である．これらの推定量 $\hat{\beta}_1$ および $\hat{\beta}_0$ はいずれも不偏であり，それらの分散はそれぞれ次で与えられる．

$$\mathrm{Var}\,\hat{\beta}_1 = \frac{\sigma^2}{S_{xx}}, \quad \mathrm{Var}\,\hat{\beta}_0 = \sigma^2\left(\frac{1}{n} + \frac{\bar{x}^2}{S_{xx}}\right) \tag{51}$$

ここで $S_{xx} = \sum_{i=1}^{n}(x_i - \bar{x})^2$ である．ガウス-マルコフの定理によれば，(48), (49)の仮定の下では，推定量(50)は，データ y_i の線形結合として表わされる不偏な推定量の族の中で，最小分散をもっている．図 3 で与えたロケットデータの場合には，$\hat{\beta}_1 = -37.15$, $\hat{\beta}_0 = 2627.82$ となる．図 3 には回帰直

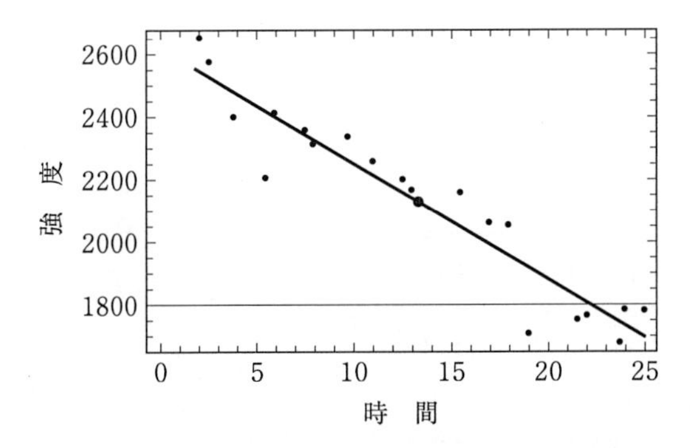

図 3 ロケットの推進維持用火薬の経過時間と接着剤の剪断強度の関係を表わすデータと，それに対する最小 2 乗法による回帰直線の当てはめの結果．回帰直線上にある黒い点は，データの中心点 $(\bar{x}, \bar{y}) = (13.36, 2131.36)$ を表わしている．

線 $y=\hat{\beta}_0+\hat{\beta}_1 x$ も描かれているが，これはこのデータにうまく当てはまっているように思える．

上式(51)より，回帰係数に対する信頼区間の構成や仮説検定の問題においては，σ^2 の推定が重要であることがわかる．いま残差平方和(residual sum of squares)を $SS_{\mathrm{E}}=\sum_{i=1}^{n}(y_i-\hat{\mu}_i)^2=S_{yy}-\hat{\beta}_1 S_{xy}$ によって定義すれば，$\hat{\sigma}^2=SS_{\mathrm{E}}/(n-2)$ は σ^2 に対する不偏推定量となる．ここで $\hat{\mu}_i=\hat{\beta}_0+\hat{\beta}_1 x_i$ である．推定量 $\hat{\sigma}\ (>0)$ はしばしば，**回帰の標準誤差**(standard error of regression)とよばれる．ロケットデータの場合には，$\hat{\sigma}=96.1$ となる．

さて $H_0 : \beta_1=\beta_{10}$ なる**帰無仮説**(null hypothesis)を，**対立仮説**(alternative hypothesis) $H_{\mathrm{A}} : \beta_1 \neq \beta_{10}$ に対して検定する問題を考える．これを解くためには，誤差項 ε_i が正規分布にしたがうという仮定を追加する必要がある．このとき帰無仮説 H_0 の下では，**検定統計量**(test statistic) $T=(\hat{\beta}_1-\beta_{10})/(\hat{\sigma}/\sqrt{S_{xx}})$ は，自由度 $n-2$ の t 分布にしたがう．ここで $\hat{\sigma}=\sqrt{(n-2)^{-1}\sum_{i=1}^{n}(y_i-\hat{\mu}_i)^2}$ である．したがって有意水準 α の両側検定では，$|T|>t_{\alpha/2,\,n-2}$ のときに帰無仮説 H_0 を棄却すればよい．ただし $t_{\alpha/2,\,n-2}$ は，自由度 $n-2$ の t 分布の上側 $100\cdot\alpha/2$ パーセント点を表わしている．ロケットデータの場合に，$\beta_{10}=0$ として計算すると $t=-12.8599$ となり，その絶対値は $t_{0.05/2,20-2}=t_{0.025,18}=2.101$ よりかなり大きくなり，$\beta_1=0$ であるとの帰無仮説は，有意水準 $\alpha=0.05$ で棄却される．

この場合，β_1 に対する信頼度 $1-\alpha\ (0<\alpha<0.5)$ の対称な両側信頼区間は，統計量 T が自由度 $n-2$ の t 分布にしたがうことより，次によって与えられる．

$$\hat{I}_1=(\hat{\beta}_1+t_{\alpha/2,n-2}\,\hat{\sigma}/\sqrt{S_{xx}},\ \hat{\beta}_1-t_{\alpha/2,n-2}\,\hat{\sigma}/\sqrt{S_{xx}}) \qquad (52)$$

ロケットデータの場合には，β_1 に対する信頼度 0.90, 0.95 の信頼区間は，それぞれ $\hat{I}_1(90)=(-42.16,\ -32.14)$, $\hat{I}_1(95)=(-43.22,\ -31.08)$ によって与えられる．

4.3 関数モデルの場合のブートストラップ法

仮定(48)および(49)を同時に満たすモデルでは，x の値は解析の目的に応じて適切に計画された状況(計画点)での値と見なされ，確率変数とは考えていない．以下ではこのモデルを**関数モデル**(functional model)とよぶが，この場合確率変動をともなう要因は誤差項 ε_i のみであり，この ε_i は平均0の共通な分布 F にしたがうと仮定する．もし F が正規分布なら，区間推定や仮説検定の問題に対して厳密な理論が展開できるが，正規分布以外の場合には厳密な議論は一般にはできない．そのような場合に統計的推測を行う際には，ブートストラップ法は1つの有効な方法である．この場合用いられるブートストラップ法では，互いに独立な**残差**(residual) $e_i = y_i - \hat{\mu}_i$ を用いて，誤差の分布 F を推定する．残差 e_i から作られる経験分布は，適当な条件の下で F に分布収束する．ここで，残差 e_i は互いに独立ではあるが，i ごとに異なる分布にしたがう場合もあることに注意してほしい．たとえば e_i の1次のモーメントについては $E\,e_i = 0$ が成り立つが，$\mathrm{Var}\,e_i \neq \sigma^2$ であり，分散が i に依存する場合などもある．

そこでまず最初に，上記のような状況にも対応できるように，もともとの残差 e_i を修正したものを用いるブートストラップ回帰分析法のアルゴリズムについて考えてみよう．残差 e_i を標準化するため，e_i の分散を計算すると

$$\mathrm{Var}\,e_i = \sigma^2 \left\{ 1 - \frac{1}{n} - \frac{(x_i - \bar{x})^2}{S_{xx}} \right\} \tag{53}$$

となるが，この量は n が大きくなると σ^2 に近づくことに着目する．(53)は，e_i を誤差項を表わす確率変数 ε_i の線形結合として表わすことにより導出できる．この式を用いれば，次式で定義される**修正済みの残差**(modified residual) r_i は，平均が0で i によらずに等しい分散 σ^2 をもつことが示せる．

$$r_i = \frac{y_i - \hat{\mu}_i}{\sqrt{1 - 1/n - (x_i - \bar{x})^2 / S_{xx}}} \tag{54}$$

ここで，この場合のブートストラップ法のアルゴリズムをまとめておこう．

アルゴリズム6：残差からのリサンプリング

$Y_i = \beta_0 + \beta_1 x_i + \varepsilon_i$ なるモデルを考える．ここで $\hat{\beta}_1$，$\hat{\beta}_0$ は，(50)で

与えられる最小2乗推定量とする．r_i $(i=1,\cdots,n)$ を，(54)で定義される修正済みの残差とする．

(1) F_n を，中心化された修正済みの残差 $r_i-\bar{r}$ から作られた経験分布関数とする．ここで $\bar{r}=\sum_{i=1}^{n} r_i/n$ である．この F_n から無作為復元抽出により，ε_i^* $(i=1,\cdots,n)$ を抽出する．

(2) 互いに独立な目的変数 Y_i^* の値を，$Y_i^*=\hat{\beta}_0+\hat{\beta}_1 x_i+\varepsilon_i^*$ により計算する．

(3) 上記のブートストラップ標本 $(Y_1^*, x_1), \cdots, (Y_n^*, x_n)$ に対して最小2乗法を適用し，ブートストラップ推定値 $\hat{\beta}_1^*$, $\hat{\beta}_0^*$ および $(\hat{\sigma}^*)^2$ を計算する．

このとき得られるブートストラップ最小2乗推定値 $\hat{\beta}_1^*$ は，次のように表現することができる．

$$\hat{\beta}_1^* = \hat{\beta}_1 + S_{xx}^{-1} \sum (x_i-\bar{x})\varepsilon_i^*$$

ここで $E_{F_n}(\varepsilon_i^*)=0$ かつ $\mathrm{Var}_{F_n}(\varepsilon_i^*)=\sum(r_i-\bar{r})^2/n$ である．これより，次が成り立つことがわかる．

$$E_{F_n}(\hat{\beta}_1^*) = \hat{\beta}_1, \quad \mathrm{Var}_{F_n}(\hat{\beta}_1^*) = n^{-1}\sum_{i=1}^{n}(r_i-\bar{r})^2/S_{xx} \approx \hat{\sigma}^2/S_{xx}$$

アルゴリズム6を適用すれば，正規理論に基づく信頼区間(52)を改良できる可能性がある．たとえば傾き β_1 に対するブートストラップ t 信頼区間を，ブートストラップ t 値 $T^*=(\hat{\beta}_1^*-\hat{\beta}_1)/(\hat{\sigma}^*/\sqrt{S_{xx}})$ を繰り返し計算することにより求めることができ，これは正規理論に基づくものより良い性質をもっていることが期待できる．この場合，β_1 に対する名目上の被覆確率が $1-\alpha$ となるような対称な信頼区間は，

$$\hat{I}_{1-\alpha} = \left(\hat{\beta}_1 - \hat{w}_{\alpha/2}\frac{\hat{\sigma}}{\sqrt{S_{xx}}},\ \hat{\beta}_1 + \hat{w}_{\alpha/2}\frac{\hat{\sigma}}{\sqrt{S_{xx}}}\right)$$

によって与えられる．ここで $\hat{w}_{\alpha/2}$ は，T^* のブートストラップ分布の $100{\cdot}\alpha/2$ 番目のパーセント点である．

アルゴリズム6をロケットデータに適用すると，$B=2000$ 回のブートストラップ反復に基づく $\hat{\beta}_1^*$ のヒストグラムは，図4(左)のようになる．こ

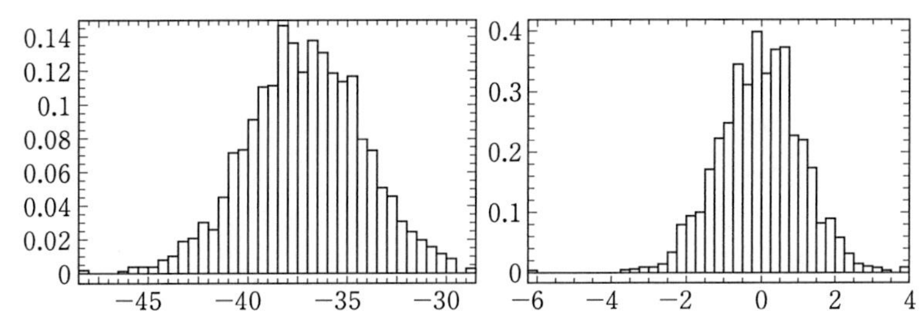

図 4　ロケットデータに対する，2000 回のブートストラップ反復に基づく $\hat{\beta}_1^*$(左)および $T^* = (\hat{\beta}_1^* - \hat{\beta}_1)/(\hat{\sigma}^*/\sqrt{S_{xx}})$(右)のヒストグラム．

の場合，$\hat{\beta}_1$ および $\hat{\beta}_0$ に対するブートストラップ分散推定値は，それぞれ 8.355 および 1937.63 となり，これらの値はいずれも，正規理論の仮定の下で得られる差込推定量の値 8.347 および 1952.22 ときわめて近い．この場合，β_1 に対する信頼度 0.95 のパーセンタイル信頼区間は $(-43.03, -31.37)$ となり，t 分布に基づく信頼区間 $(-43.22, -31.08)$ ときわめて近いものになる．

表 8 には，β_1 に対する 4 種類の信頼区間が与えられている．図 4(右)に示されている $T^* = (\hat{\beta}_1^* - \hat{\beta}_1)/(\hat{\sigma}^*/\sqrt{S_{xx}})$ の分布は，$B = 2000$ 回のブートストラップ反復に基づくものである．表 8 を見ると，この場合には各種の

表 8　正規理論および各種のブートストラップ法に基づく，ロケットデータの場合の傾きパラメータの信頼区間(ブートストラップ反復回数が 2000 の場合)．

名目上の被覆確率	方法	信頼区間の下端	信頼区間の上端
90%	正規理論	−42.1635	−32.1437
	パーセンタイル法	−42.0671	−32.3640
	ブートストラップ t 法	−42.1239	−32.2207
	BC_a 法	−42.0285	−32.3520
95%	正規理論	−43.2234	−31.0838
	パーセンタイル法	−42.9938	−31.5037
	ブートストラップ t 法	−42.9514	−30.9699
	BC_a 法	−42.6991	−31.4399

ブートストラップ信頼区間は，正規理論に基づく信頼区間にきわめて近いことがわかる．ブートストラップ t 法および BC_a 法が，パーセンタイル法を改良していることも読みとれるが，この場合にはその程度は小さい．

4.4 相関モデルの場合のブートストラップ法

前節では，確率変数 Y が計画点などの x の値とどのような線形関係をもっているかを解析するため，線形単回帰モデル(48)を用いた．これは実験計画などのように，Y の x に対する因果関係に興味がある場合には大変有用な方法である．しかしこの方法を，x の値が制御できないような場合に適用することはできない．このような場合には，データ $(x_i, y_i), i=1, \cdots, n$ は i に依存しない同一の 2 変量分布 F から取られた 1 組の実現値と見なすのが自然であろう．この場合われわれは，2 つの確率変数 X, Y の間の関係，もしくは Y の X に対する従属性などに興味がある．2 つの確率変数の間の線形関係の強さは相関係数によって表わすのが普通であるが，一方の変数がもう一方の変数にどのような従属関係をもっているかを調べるのが回帰分析のテーマである．この場合，x の値を与えたときの Y の平均 $E(Y|x)$ は x の関数と考えられる．そこでこの場合の回帰分析では，Y の条件付き平均 $E(Y|x)$ が x の線形関数として表せるとした次式を仮定する．

$$E(Y_i|x_i) = \beta_0 + \beta_1 x_i, \quad i = 1, \cdots, n \tag{55}$$

ここで，平均 0 をもつ互いに無相関な「誤差」変数 ε_i を導入すれば，(48)と同様な次のモデルが得られる．

$$Y_i = \beta_0 + \beta_1 x_i + \varepsilon_i, \quad i = 1, \cdots, n \tag{56}$$

ここで x_i を与えたときの Y_i の条件付き分散は一般には i に依存しており，F が 2 変量正規分布以外の場合は，誤差は同一の分布にはしたがわない．

仮定(55)および(56)を同時に満たすものは，**相関モデル**(correlation model)とよばれている．このモデルでは，回帰係数は 2 変量分布 F の 1 次と 2 次のモーメントの関数として表わせる．すなわち(55)と，恒等的に成り立つ関係，$E_X[E(Y|X)] = E(Y)$ および

$$E[\{Y - E(Y)\}\{X - E(X)\}] = E_X[X\{E(Y|X) - E(Y)\}]$$

を用いれば，次が成り立つことが示せる．

$$\beta_1 = \frac{\mathrm{Cov}(X,Y)}{\mathrm{Var}(X)}, \quad \beta_0 = E(Y) - \frac{\mathrm{Cov}(X,Y)}{\mathrm{Var}(X)}E(X) \tag{57}$$

したがって 2.1 節(a)項で与えた説明より，これらの回帰係数(57)は滑らかな関数モデルに属することがわかる．そこで F のモーメントに対して，対応する標本モーメントを代入すれば，β_1 および β_0 の差込推定量は次のように与えられる．

$$\hat{\beta}_1 = \frac{\sum_{i=1}^{n} y_i(x_i - \bar{x})}{\sum_{i=1}^{n}(x_i - \bar{x})^2}, \quad \hat{\beta}_0 = \bar{y} - \hat{\beta}_1\bar{x} \tag{58}$$

これらは最小 2 乗推定量(50)と同じであり，またもし F が 2 変量正規分布の場合には，それは最尤推定量とも一致する．

さてここで，ノンパラメトリック・ブートストラップ法について考えよう．この場合には，もとの標本 $(y_1,x_1),\cdots,(y_n,x_n)$ から作られる 2 変量経験分布関数からのリサンプリングを行うが，その一般的なアルゴリズムは次のようになる．

アルゴリズム 7：データからのリサンプリング

$E(Y_i|x_i) = \beta_0 + \beta_1 x_i$ が成り立つとし，$\hat{\beta}_1$ および $\hat{\beta}_0$ は(58)で与えられたものとする．

(1) F_n を，n 個の標本点 $(y_1,x_1),\cdots,(y_n,x_n)$ に確率 $1/n$ をもつ経験分布とする．ここで一般に，F_n にしたがう確率変数を (Y^*,X^*) と表わす．

(2) F_n から，互いに独立なブートストラップ標本 $(Y_1^*,X_1^*),\cdots,(Y_n^*,X_n^*)$ を抽出する．実際には，もとのデータ $(y_1,x_1),\cdots,(y_n,x_n)$ から復元抽出によりブートストラップ標本を抽出すればよい．

(3) (58)における各 (y_i,x_i) を (Y_i^*,X_i^*) で置き換えることにより，ブートストラップ推定量 $\hat{\beta}_1^*$, $\hat{\beta}_0^*$ の値を計算する．

アルゴリズム 6 では誤差項の分散の均一性を仮定していたが，上のアルゴリズム 7 ではそのような仮定は置いていない．したがって，アルゴリズム 7 はアルゴリズム 6 と比較して，誤差分散の不均一性に対して頑健性(robustness)をもつといえよう．しかし誤差分散に均一性が仮定できそうな場合には，アルゴリズム 6 のほうが有効であろう．

前出のロケットデータに対してアルゴリズム 7 を適用し，$B=2000$ 回のブートストラップ反復を行った場合の $\hat{\beta}_1^*$(左)および $\hat{\beta}_0^*$(右)のブートストラップ分布が，図 5 に示されている．これより $\hat{\beta}_1$ の分散推定値は 8.15828 と計算できるが，これは残差からリサンプリングする方法を適用した場合に得られた推定値 8.35483 ときわめて近い．またこの場合の $\hat{\beta}_0$ の分散推定値は 1896.73 となるが，これも残差からのリサンプリングの場合の値 2018.51 と近くなっている．これらの結果より，このロケットデータの場合には，誤差分散の均一性の仮定は自然であると考えられよう．

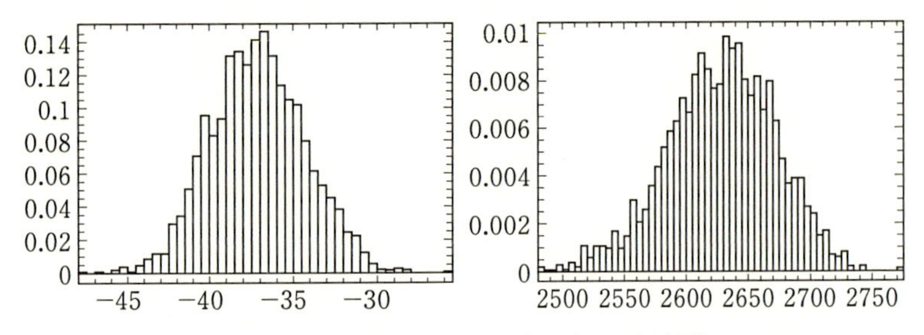

図 5 ロケットデータに対してアルゴリズム 7 を適用し，2000 回のブートストラップ反復を行った場合の，$\hat{\beta}_1^*$(左)および $\hat{\beta}_0^*$(右)のヒストグラム．

表 9 には，パーセンタイル法および BC_a 法などによる，回帰の傾きパラメータに対する信頼区間がまとめられている．相関モデルに基づく場合と関数モデルに基づく場合が示されているが，このデータについては 2 つの方法の結果はきわめて近いことが読みとれる．しかしもし誤差の均一性が成り立たないような場合には，2 つの方法による結果はかなり異なると予想される．

表 9 正規理論および各種のブートストラップ法による，ロケットデータの場合の傾きパラメータの信頼区間：相関モデルと関数モデルの場合の比較(ブートストラップ反復回数が 2000 の場合).

名目上の被覆確率	方　法	信頼区間の下端	信頼区間の上端
90%	正規理論	−42.1635	−32.1437
	パーセンタイル法[1]	−41.6709	−32.3277
	パーセンタイル法[2]	−42.0671	−32.3640
	BC_a法[1]	−41.7727	−32.3562
	BC_a法[2]	−42.0285	−32.3520
95%	正規理論	−43.2234	−31.0838
	パーセンタイル法[1]	−42.4513	−31.4685
	パーセンタイル法[2]	−42.9938	−31.5037
	BC_a法[1]	−42.6551	−31.1106
	BC_a法[2]	−42.6991	−31.4399

註：パーセンタイル法[1] およびパーセンタイル法[2] は，それぞれ相関モデルおよび関数モデルの場合のパーセンタイル法の結果を表わす．また BC_a法[1] および BC_a法[2] も同様である．

4.5 ブートストラップ検定

4.3 節，4.4 節で定義した関数モデルまたは相関モデルのような，線形単回帰モデルが当てはまると考えられる状況を想定しよう．仮説検定の問題では，多くの場合われわれの興味は，**回帰の有意性**(significance of regression)，すなわち $H_0: \beta_1 = 0$ という帰無仮説を検定することにある．もし X, Y がともに確率変数と見なされる場合には，(57)より，この検定は説明変数と目的変数が無相関であることを検定することと同じになる．したがって相関モデルの場合には，回帰の有意性に対する検定に，無相関性の検定を適用することができる．これに対して x が定められた計画点などである関数モデルの場合には，回帰の有意性検定は傾きパラメータが 0，すなわち Y の平均が x の値に依存しないことを検定する問題となる．もし誤差項の分散が均一で正規性が仮定できる場合には，統計量 $T = \hat{\beta}_1/(\hat{\sigma}/\sqrt{S_{xx}})$ に基づく正確な検定を行うことができる．これに対して，ブートストラップ法はきわめて一般的な方法でほとんど何の仮定も置いていないため，種々の状況における回帰の有意性検定や，帰無仮説 $H_0:\beta_1=\beta_{10}$ の検定などにも適用可能である．ここで定数 β_{10} は 0 である必要はなく，任意の値でよい．この場合検定統計量としては，最小 2 乗統計量などを用いればよい．

まず最初に，$\beta_1=0$ を検定するためのブートストラップ法を考えてみよう．この場合帰無仮説の下でのモデルは，次のようになる．

$$H_0:\ Y_i=\beta_0+\varepsilon_i$$

ここで誤差 ε_i は，平均が 0 で均一な分散 σ^2 をもつとする．この仮説 H_0 は，$\beta_1=0$ よりやや強い仮定になっている．帰無仮説 H_0 の下では，残差 $e_i=y_i-\bar{y}$ の平均は 0，分散は $(n-1)n^{-1}\sigma^2$ となっている．ここでこれを修正した残差を，次のように定義する．

$$r_i=\sqrt{\frac{n}{n-1}}e_i=\sqrt{\frac{n}{n-1}}(y_i-\bar{y}) \tag{59}$$

この修正済みの残差(59)から得られる経験分布の平均は 0 であり，その分散は σ^2 である．このことを用いると，回帰の有意性検定のための，残差に基づくブートストラップ法のアルゴリズムが次のように得られる．

アルゴリズム 8：誤差が均一の場合の回帰の有意性検定

$Y_i=\beta_0+\beta_1x_i+\varepsilon_i$ が成り立つとし，$\hat{\beta}_1$, $\hat{\beta}_0$ を式(50)によって与えられる最小 2 乗推定量とする．

(1) F_n を(59)の r_i に基づいて得られる経験分布関数とし，$r_i^*\sim F_n,\ i=1,\cdots,n$ とする．すなわち $r_1,\cdots,r_n$ から復元抽出により $r_1^*,\cdots,r_n^*$ を抽出する．

(2) 帰無仮説の下での Y_i^* の値を $Y_i^*=\bar{y}+r_i^*$ により計算する．このようにして得られるブートストラップデータ $(Y_1^*,x_1),\cdots,(Y_n^*,x_n)$ に対して，最小 2 乗法により回帰直線を当てはめ，ブートストラップ推定値 $\hat{\beta}_1^*$ および $\hat{\sigma}^*$ を計算する．

(3) $T^*=\hat{\beta}_1^*/(\hat{\sigma}^*/\sqrt{S_{xx}})$ とし，両側検定の場合の近似的なブートストラップ p 値を次により計算する．

$$\hat{p}_{\mathrm{B}} = \frac{1 + \sharp\{|T^*| \geq |t|\}}{B+1}$$

ここで $t = \hat{\beta}_1/(\hat{\sigma}/\sqrt{S_{xx}})$ は，もとのデータから得られる検定統計量の値を表わす．

片側検定の場合には，アルゴリズム 8 において近似的な p 値を，次式により計算すればよい．

$$\hat{p}_{\mathrm{B}} = \frac{1 + \sharp\{T^* \leq t\}}{B+1}$$

この方法をロケットデータに対して適用したところ，$B=2000$ 回のブートストラップ反復に基づく p 値は $\hat{p}_{\mathrm{B}}=0.0005$ であった．この結果より，仮説 $\beta_1=0$ は非常に大きな確率で棄却できることがわかる．

図 6(上)は，アルゴリズム 8 がうまく機能するかどうかを調べるための小規模な数値実験の結果を表わしている．線形単回帰モデル $Y=\beta_0+\beta_1 x+\varepsilon$ を想定し，$n=10$, $\beta_0=1$, $\varepsilon \sim N(0,1)$，ブートストラップ反復回数 $B=500$ として実験を行った．図 6(上)は，人工的に作られた 20 組の標本に対する近似的なブートストラップ p 値を表わしている．ただし p 値の大きさにより標本を並べ替えてある(横軸は標本番号)．この場合，β_1 の値は帰無仮説の下での値 $\beta_1=0$ とはかなり異なっているが，上で述べたブートストラップ検定を適用すると帰無仮説が正しく棄却されている．また β_1 の値が 0 から離れるにつれ，**検出力**(power)が増加する傾向も読みとれる．

次に，傾きパラメータの値が 0 でない場合の検定，すなわち H_0'：$\beta_1=\beta_{10}$ に対する検定を考えてみよう．目的変数の値を修正して $z_i=y_i-\beta_{10}x_i$, $i=1,\cdots,n$ と置けば，仮説 H_0' の下での z_i の平均は β_0 に等しい，すなわち $E(z_i)=\beta_0$ が成り立つ．これはもちろん $\beta_{10}=0$ の場合を含んでおり，この場合には検定すべき帰無仮説 H_0' の下では，モデル $z_i=\beta_0+\varepsilon_i$ を仮定していることになる．以上より，$\beta_1=\beta_{10}$ を検定するためにもアルゴリズム 8 を適用できることがわかる．ただしこの場合には，検定は (z_i, x_i), $i=1,\cdots,n$ に基づいて行う必要がある．

さてここで，ロケットデータについての帰無仮説 H_0'：$\beta_1=-37$ に対し

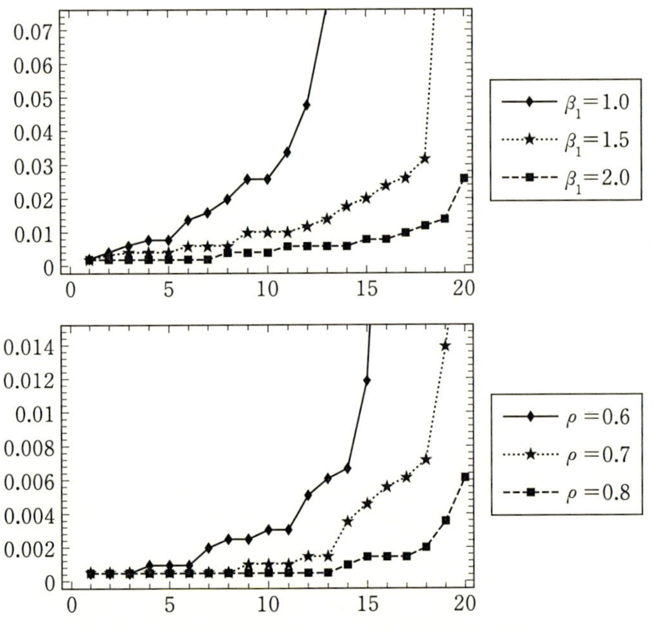

図 6 データが対立仮説から取られた場合の，回帰の有意性検定におけるブートストラップ p 値：β_1 を変化させた場合(上)と，相関係数 ρ を変化させた場合(下).

て，アルゴリズム 8 で与えられる片側検定を適用してみよう．ここでブートストラップ反復の回数は $B=2000$ とし，y_i の各値を $z_i=y_i+37x_i$ によって置き換えて計算を行う$(i=1,\cdots,20)$．このとき近似的なブートストラップ p 値は $\hat{p}_{\mathrm{B}}=0.4798$ となり，帰無仮説の下でのモデルに基づいてブートストラップ法により計算される値のうちの約半数が，もとの標本から求められた p 値の左側に存在することがわかる．したがってこの場合には，帰無仮説 H_0'：$\beta_1=-37$ は採択される．

表 9 にまとめられているブートストラップ信頼区間の構成においては，2 種類の異なるアルゴリズムを与えたが，それらは関数モデルおよび相関モデルの場合に対応するものであった．後者の場合には，回帰の有意性検定は無相関性の検定と同値である．このときの回帰の有意性検定は，アルゴリズム 8 の代わりに次のアルゴリズムを適用して行えばよい．この方法は

アルゴリズム 8 と比べて，誤差分散の均一性を仮定する必要がないという利点をもっている．

アルゴリズム 9：相関モデルの場合の回帰の有意性検定

モデル $E(Y_i|X_i)=\beta_0+\beta_1 X_i$ に関する帰無仮説 $H_0:\beta_1=0$ の検定を行う場合を考える．

(1) F_{ny} および F_{nx} を，それぞれ $\{y_1,\cdots,y_n\}$ および $\{x_1,\cdots,x_n\}$ から作られる経験分布関数とし，$Y_i^*\sim F_{ny}$，$X_i^*\sim F_{nx}$，$i=1,\cdots,n$ を満たすようなリサンプル $(Y_i^*,\ X_i^*)$ を構成する．

(2) $(Y_1^*,X_1^*),\cdots,(Y_n^*,X_n^*)$ に対して最小 2 乗法により回帰直線を当てはめ，ブートストラップ推定値 $\hat{\beta}_1^*$ および $\hat{\sigma}^*$ を計算し，これから検定統計量 $T^*=\hat{\beta}_1^*/(\hat{\sigma}^*/\sqrt{S_{xx}})$ の値を求める．

(3) B 回のブートストラップ標本抽出を行い，両側検定の場合の近似的なブートストラップ p 値を，アルゴリズム 8 で与えたものと同じ $\hat{p}_{\mathrm{B}}=(B+1)^{-1}[1+\sharp\{|T^*|\geq|t|\}]$ により計算する．ここで $t=\hat{\beta}_1/(\hat{\sigma}/\sqrt{S_{xx}})$ である．

小規模な人工データを用いた数値実験により，アルゴリズム 9 に基づくブートストラップ検定の振る舞いを調べた結果は，前出の図 6(下)のようになる．ここで (Y_i,X_i) は，平均ベクトル $(\mu_y,\mu_x)=(1,0)$，分散 $(\sigma_y^2,\sigma_x^2)=(1,1)$，相関係数 $\rho\ (=\beta_1)$ をもつ 2 変量正規分布からとられた無作為標本である．このとき想定した回帰モデルは，$E(Y_i|X_i)=\mu_y+\rho X_i$ となる．図 6(下)は，ρ の値を帰無仮説から少しずつ動かしていったときの両側検定の場合の p 値の変化を表わしている．ここでブートストラップ反復の回数は $B=2000$ であり，横軸の標本番号はブートストラップ p 値の小さいものから順番に並べ直してある．これより ρ の値が 0 から離れるにつれ，検出力が増加する傾向が読みとれる．

5 ブートストラップ仮説検定

最後のこの章では，表1のDarwinの実験データを用いて，ごく簡単にブートストラップ法を用いた**仮説検定**(hypothesis testing)の考え方について述べる．回帰分析への応用については，4.5節を参照のこと．

他家受精と自家受精によるとうもろこしの丈の長さを，それぞれ X, Y で表わし，それらの平均を μ_x, μ_y とする．いま H_0 : $\mu_x=\mu_y$ を帰無仮説，H_A : $\mu_x>\mu_y$ を対立仮説とする仮説検定の問題を考える．まず H_0 : $\mu_x-\mu_y=0$, H_A : $\mu_x-\mu_y>0$ と書けることに注意しよう．

2群の平均の差の検定においては，次の検定統計量がよく用いられている．

$$T(\boldsymbol{X},\boldsymbol{Y})=\frac{\bar{X}-\bar{Y}}{\sqrt{S_x^2/(m-1)+S_y^2/(n-1)}} \tag{60}$$

ここで，$\bar{X}=m^{-1}\sum_{i=1}^{m}X_i$, $\bar{Y}=n^{-1}\sum_{j=1}^{n}Y_j$ は両群の標本平均であり，$S_x^2=m^{-1}\sum_{i=1}^{m}(X_i-\bar{X})^2$, $S_y^2=n^{-1}\sum_{j=1}^{n}(Y_j-\bar{Y})^2$ はそれぞれの標本分散である．Darwinの例では $m=n=15$ であり，$\boldsymbol{x}=(188,96,\cdots,184,96)$, $\boldsymbol{y}=(139,163,\cdots,124,144)$ である．これらの値を式(60)に代入すると

$$t=T(\boldsymbol{x},\boldsymbol{y})=\frac{161.53-140.60}{\sqrt{781.45/(15-1)+251.44/(15-1)}}=2.44$$

となる．

検定統計量の実現値 t が大きいと考えられるかどうかは，**$\boldsymbol{p}$ 値**(p-value) $p=\Pr\{T\geq t|H_0\}$ で判断するため，帰無仮説 H_0 : $\mu_x=\mu_y$ の下での $T(X,Y)$ の分布を計算しなければならない．そのため伝統的な統計解析では，すべての確率変数が独立で，しかも $X_i\sim N(\mu_x,\sigma^2)$, $Y_j\sim N(\mu_y,\sigma^2)$ という都合のよい仮定を置く．これに対してブートストラップ法では，このような理想的な条件の仮定を必要とはせず，帰無仮説の下での分布を近似的に，表1のようなデータのみに基づいて，計算機で「自動」的に生成

する．

いま $\boldsymbol{x}$, $\boldsymbol{y}$ を，それぞれ未知の分布 $F(x)$, $G(y)$ からの無作為標本とする．検定統計量の帰無仮説の下での標本分布を求めるためには，図 7 で示されているように，帰無仮説の規定する分布 $F^o(x)$, $G^o(y)$ から無作為標本を無限に抽出できればよい．しかし $F^o(x)$, $G^o(y)$ は未知であるため，ブートストラップ法では $F^o(x)$, $G^o(y)$ を適当な分布 $F_m(x)$, $G_n(y)$ で近似する．したがって，図 8 に示されている近似分布からのブートストラップ標本抽出が，図 7 で示される仮想的標本抽出の近似と考えることができる．

$$\boldsymbol{X} = \{X_1, \cdots, X_m\} \overset{i.i.d.}{\Longleftarrow} F^o(x)$$
$$\boldsymbol{Y} = \{Y_1, \cdots, Y_n\} \overset{i.i.d.}{\Longleftarrow} G^o(y)$$

図 7　帰無仮説が規定する未知の母集団からの仮想的な無作為標本抽出

$$\boldsymbol{X}^* = \{X_1^*, \cdots, X_m^*\} \overset{i.i.d.}{\Longleftarrow} F_m(x)$$
$$\boldsymbol{Y}^* = \{Y_1^*, \cdots, Y_n^*\} \overset{i.i.d.}{\Longleftarrow} G_n(y)$$

図 8　帰無仮説を満たす近似分布からのブートストラップ標本抽出

さて，図 8 における近似分布 $F_m(x)$, $G_n(y)$ はいかにして決めるべきかという問題は，ブートストラップ仮説検定における中心的な課題である．これについては，ケースバイケースで決めるというのが解答である．ここでは，2 群の平均が等しいという帰無仮説の場合のみを考える．この帰無仮説を反映させるため，さまざまな近似分布の構成法が考えられる．ここでは，**位置調整法**とよばれている方法について説明を行う．

アルゴリズム 10：位置調整ブートストラップ検定法

位置調整法を用いたブートストラップ有意性検定のアルゴリズムは，以下の 4 つの手順からなる．

(1) 観測値に対し，次のような位置変換

$$x_i^\dagger = x_i - \bar{x} + \bar{z}, \quad i = 1, \cdots, m$$
$$y_j^\dagger = y_j - \bar{y} + \bar{z}, \quad j = 1, \cdots, n$$

を行い，$\boldsymbol{x}^\dagger=\{x_1^\dagger,\cdots,x_m^\dagger\}$，$\boldsymbol{y}^\dagger=\{y_1^\dagger,\cdots,y_n^\dagger\}$ とする．ただし，$\bar{x}=m^{-1}\sum_{i=1}^m x_i$，$\bar{y}=n^{-1}\sum_{j=1}^n y_j$，$\bar{z}=(m+n)^{-1}(m\bar{x}+n\bar{y})$ は，それぞれ第 1 群，第 2 群および全体をプールしたときの標本平均である．

(2) 擬似データ $\boldsymbol{x}^\dagger$, $\boldsymbol{y}^\dagger$ から作られる経験分布を，それぞれ

$$F_m(x)=m^{-1}\sum_{i=1}^m \delta(x_i^\dagger\le x),\quad G_n(y)=n^{-1}\sum_{j=1}^n \delta(y_j^\dagger\le y)$$

とする．ただし，$\delta(\cdot)$ は定義関数を表わしている．$F_m(x)$ からの無作為標本を $\boldsymbol{x}^{*b}=\{x_1^{*b},\cdots,x_m^{*b}\}$，$G_n(y)$ からの無作為標本を $\boldsymbol{y}^{*b}=\{y_1^{*b},\cdots,y_n^{*b}\}$ とし，これらに基づいてブートストラップ検定統計量の値

$$t^{*b}=T(\boldsymbol{x}^{*b},\boldsymbol{y}^{*b})=\frac{\bar{x}^{*b}-\bar{y}^{*b}}{\sqrt{(\hat{\sigma}_x^{*b})^2/m+(\hat{\sigma}_y^{*b})^2/n}}$$

を計算する．ただし $\bar{x}^{*b}=m^{-1}\sum_{i=1}^m x_i^{*b}$，$\bar{y}^{*b}=n^{-1}\sum_{j=1}^n y_j^{*b}$，$(\hat{\sigma}_x^{*b})^2=(m-1)^{-1}\sum_{i=1}^m (x_i^{*b}-\bar{x}^{*b})^2$，$(\hat{\sigma}_y^{*b})^2=(n-1)^{-1}\sum_{j=1}^n (y_j^{*b}-\bar{y}^{*b})^2$ は，それぞれのブートストラップ標本平均と標本分散である．

(3) 手順(2)を B 回繰り返し，ブートストラップ p 値のモンテカルロ近似値を，次により計算する．

$$\hat{p}=\frac{1}{B}\sum_{b=1}^B \delta(t^{*b}\ge t_{obs})$$

ここで $t_{obs}=T(\boldsymbol{x},\boldsymbol{y})$ は，もとの観測値に基づく検定統計量の実現値である．

(4) 有意水準が α のときのブートストラップ検定を，次により行う．

$$\begin{cases}\hat{p}>\alpha & \rightarrow \quad \text{帰無仮説を採択}\\ \hat{p}\le\alpha & \rightarrow \quad \text{帰無仮説を棄却}\end{cases}$$

さてアルゴリズム 10 を，表 1 の Darwin のデータに適用してみよう．図 9 は，$B=10000$ 回の場合の検定統計量(60)のブートストラップ分布を表

わしており，これに基づくブートストラップ p 値のモンテカルロ近似値は0.0406となる．したがって有意水準を $\alpha = 0.05$ と設定した場合には，帰無仮説は棄却されることになる．すなわち有意水準0.05のときには，他家受精法が自家受精法より優れていると判断されることになるが，これは従来のノンパラメトリック検定の結果とも一致する(竹内，大橋，1981参照)．

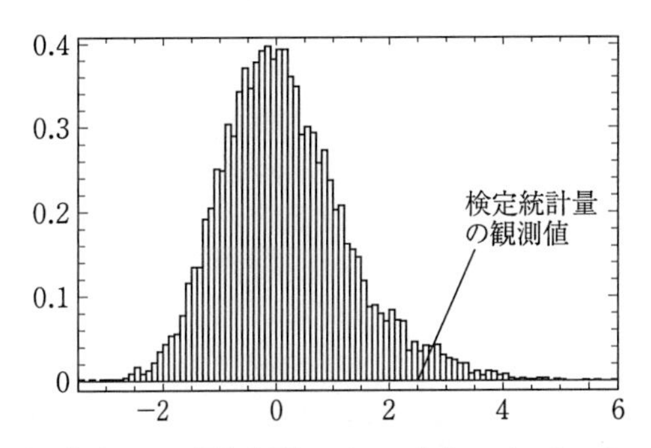

図 9　位置調整法による帰無仮説の下での分布のブートストラップ近似

2標本問題における他のブートストラップ検定法については，汪と田栗(1996)を参照のこと．またブートストラップ仮説検定の詳細については，DavisonとHinkley(1997，4章)を参照のこと．

文献案内

ブートストラップ法についての文献は膨大な数にのぼる．ここではさらに詳しく学習したい読者のために，これまでに出版された文献のうちとくに重要と思われるものを取り上げ，その内容を簡単に紹介する．

■ブートストラップ法の基礎を築いた初期の書物・論文

- ブートストラップ法についてのはじめての書物

Efron, B. (1982): The Jackknife, the Bootstrap and Other Resampling Plans. CBMS-NSF Regional Conference Series in Applied Mathematics, Vol.**38**. SIAM: Philadelphia. 汎用的なブートストラップ法についてコンパクトにまとめたモノグラフである．それまでに確立していた代表的なノンパラメトリック法，とくにジャックナイフ法や交差確認法と関連付けながら話を展開しており，ブートストラップ法考案に到るアイデアが読み取れて興味深い．本書の内容のかなり詳しい解説が，「田栗，汪(1993): 数学, **45**(1), 90-93」に与えられている．

- ブートストラップ法を提唱した論文

Efron, B. (1979): Bootstrap methods: another look at the jackknife. *Annals of Statistics*, **7**, 1-26. ブートストラップ法を提唱(再発見)した最初の論文である．厳密な議論はほとんど展開されていないが，数値例を用いながら，誤差推定や判別分析・回帰分析への適用など，多岐にわたってブートストラップ法の汎用性について議論を行っている．高度な数学の知識が必要ないという意味では読みやすいが，この論文の意図するところを理解するには，統計学に関する相当の予備知識・見識が不可欠であろう．

- ブートストラップ法の数理的正当性を議論した論文

Bickel, P. J. and Freedman, D. A. (1981): Some asymptotic theory for the bootstrap. *Annals of Statistics*, **9**, 1196-1217. 標本平均などの比較的単純な場合から経験過程のような複雑な場合まで，ブートストラップ法の正当性についての議論を行っている．ブートストラップ法がうまく機能しない場合の例も紹介されており，大変興味深い論文である．数理系の読者・研究者には一読を勧めたい．

■代表的な書物・総説

- 考え方や例題などを中心とした幅広い読者を対象にした書物

Efron, B. and Tibshirani, R. J. (1993): An Introduction to the Bootstrap. Chapman & Hall: New York. ブートストラップ法についての考え方と，その汎用性の解説に重点をおいたわかりやすい著書である．統計学の専門家からデータ解析に関心のある研究者・実務家までの幅広い読者を対象とした書物である.

- 統計学専攻の大学院生の教科書・参考書として相応しい書物

Davison, A. C. and Hinkley, D. V. (1997): Bootstrap Methods and Their Application. Cambridge University Press: Cambridge. それまでに出版された数多くの書物の中で，もっとも系統的にまとめられたブートストラップ法の入門書である．さまざまな統計的問題，多数の例題・数値例などを取り上げながら，ブートストラップ法について比較的平易に論じている．またこの巻では解説されていない時系列(time series)・点過程(point process)データなどへの応用についても触れている．非常によく整理されており，推測統計学の入門書としても一読の価値があるものである．本書の内容のかなり詳しい解説が，「福地(1998): 日本統計学会誌, **28**(3), 310-313」に与えられている.

- 統計学の研究者向けの専門書として評価の高い書物

Hall, P. (1992): The Bootstrap and Edgeworth Expansions. Springer: New York. エッジワース展開についての詳細な説明を行った後，これを道具としてブートストラップ法の正当性について論じたモノグラフである．とくに，ブートストラップ信頼区間の性質についての記述が詳しい．本書の内容のかなり詳しい解説が，「汪，田栗(1992): 数学, **44**(4), 83-86」に与えられている.

- 日本語で書かれている総説

汪金芳，大内俊二，景平，田栗正章(1992): ブートストラップ法——最近までの発展と今後の展望．行動計量学，**19**, 50-81. ブートストラップ法とそれに関連したジャックナイフ法などについて，それまでに得られていた種々の結果を詳しく解説した総説である.

■それぞれのトピックスに焦点をあてた書物・論文

- ブートストラップ法についての概観

Efron, B. and Tibshirani, R. J. (1986): Bootstrap methods for standard errors, confidence intervals, and other measures of statistical accuracy. *Statistical Science*, **1**, 54-75. 誤差の推定と信頼区間に焦点をあてた総説である.

Young, G. A. (1994): Bootstrap: more than a stab in the dark? *Statistical Science*, **9**, 382-395. ブートストラップ法の限界に主眼をおいた解説である.

- ブートストラップ法による信頼区間の構成

Diciccio, T. J. and Romano, J. P. (1988): A review of bootstrap confidence intervals. *Journal of the Royal Statistical Society, Series B*, **50**, 338-354.

Hall, P. (1988): Theoretical comparison of bootstrap confidence intervals (with discussions). *Annals of Statistics*, **16**, 927-985. 区間推定は統計的データ解析法の中でもっとも多用される推測形式の 1 つである．この論文は，それまで誤差推定を主眼としていたブートストラップ法を，信頼区間の構成に適用する際の正当性を，エッジワース展開などの観点から与えているものである．このため，ブートストラップ法の発展・普及にきわめて重要な役割を果たし，統計学の発展史上においてもっとも重要な論文の1つとして認められており，「Kotz, S. and Johnson, N. L. (1997): Breakthroughs in Statistics (Vol.3), Springer: New York」にも収録されている．

- ブートストラップ検定

Noreen, E. (1989): Computer Intensive Methods for Testing Hypotheses: Introduction. Wiley: New York.

Westfall, P. H. and Young, S. S. (1992): Resampling-Based Multiple Testing: Examples and Methods for P-Value Adjustment. Wiley: New York.

- ブートストラップ法と尤度解析

Hinkley, D. V. (1988): Bootstrap methods. *Journal of the Royal Statistical Society, Series B*, **50**, 321-337. 種々の近似尤度について解説した論文である．

Davison, A. C., Hinkley, D. V. and Worton, B. J.(1992): Bootstrap likelihoods. *Biometrika*, **79**, 113-130. ブートストラップ部分尤度を導入した論文である．

- 回帰分析へのブートストラップ法の応用

Freedman, D. (1981): Bootstrapping regression models. *Annals of Statistics*, **9**, 1218-1228. 線形回帰モデルに対するブートストラップ法の適用について議論している論文である．

Wu, C. F. J. (1986): Jackknife, bootstrap and other resampling methods in regression analysis (with discussion). *Annals of Statistics*, **14**, 1261-1350. とくに誤差が不均一の場合の回帰モデルにおけるブートストラップ法の適用について議論している論文である．

- 判別分析へのブートストラップ法の応用

小西貞則，本多正幸(1992)：判別分析における誤判別率推定とブートストラップ法．応用統計学，**21**, 67-100.

- 時系列分析へのブートストラップ法の応用

Künsch, H. R. (1989): The jackknife and the bootstrap for general stationary observations. *Annals of Statistics*, **17**, 1217-1241. 時系列データにおけるブロック・リサンプリング法を提案している論文である．

Bühlmann, P. (2002): Bootstraps for time series. *Statistical Science*, **17**(1), 52-72. 代表的な手法である，ブロック・ブートストラップ(block bootstrap)法やシーブ・ブートストラップ(sieve bootstrap)法などに焦点をあて，オゾンデータの解析などを通して，時系列データの解析におけるリサンプリング法の有効性を議論している論文である．

- ブートストラップ法と学習理論

Freund, Y. and Schapire, R. E. (1997): A decision-theoretic generalization of on-line learning and an application to boosting. *Journal of Computer and System Sciences*, **55**(1), 119–139. 判別性能が比較的低い学習機械をたくさん集めてよい学習機械を作る，いわゆるアンサンブル学習法が最近盛んに研究されている．この論文は，ブートストラップ学習データにおける重み付けを逐次的に更新するアダブースト(AdaBoost)法を提案しており，とくに注目を浴びているものである．学習理論に関する詳細は，本シリーズ第6巻『パターン認識と学習の統計学』を参照のこと．

Freund, Y. and Schapire, R. E. (1999): A short introduction to boosting. 人工知能学会誌，**14**(5), 771–780(安倍直人訳)．

参考文献

Amari, S. -I. (1985): Differential-Geometrical Methods in Statistics. Lecture Notes in Statistics, Vol. **28**. Springer: Berlin.

Atkinson, D. T. (1975): A comparison of the teaching of statistical inference by Monte Carlo and analytical methods. Ph. D. Thesis, University of Illinois.

Barnard, G. A. (1963): Contribution to discussion. *J. Roy. Statist. Soc. B*, **25**, 294.

Bhattacharya, R. N. and Ghosh, J. K. (1978): On the validity of the formal Edgeworth expansion. *Ann. Statist.*, **6**, 435–451.

Darwin, C. (1876): The Effects of Cross- and Self-fertilisation in the Vegetable Kingdom. John Murray: London.

Davison, A. C. and Hinkley, D. V. (1997): Bootstrap Methods and Their Application. Cambridge University Press: Cambridge.

Efron, B. (1975): Defining the curvature of statistical problem with application to second order efficiency (with discussions). *Ann. Statist.*, **3**, 1189–1242.

Efron, B. (1979): Bootstrap methods: another look at the jackknife. *Ann. Statist.*, **7**, 1–26.

Efron, B. (1982): The Jackknife, the Bootstrap and Other Resampling Plans. CBMS-NSF Regional Conference Series in Applied Mathematics, Vol. **38**. SIAM: Philadelphia.

Efron, B. (1998): R. A. Fisher in the 21st century (with discussion). *Statist. Sci.*, **13**, 95–114.

Efron, B. and Tibshirani, R. J. (1993): An Introduction to the Bootstrap. Chapman & Hall: New York.

Geisser, S. (1975): The predictive sample reuse method with application. *J. Am. Statist. Assoc.*, **70**, 320–328.

Hall, P. (1992): The Bootstrap and Edgeworth Expansions. Springer: New York.

Hartigan, J. A. (1969): Using subsample values as typical values. *J. Am. Statist.*

Assoc., **64**, 1303-1317.

Hartigan, J. A. (1971): Error analysis by replaced samples. *J. Roy. Statist. Soc. B*, **33**, 98-110.

Hartigan, J. A. (1975): Necessary and sufficient conditions for asymptotic joint normality of a statistic and its subsample values. *Ann. Statist.*, **3**, 573-580.

Hope, A. C. A. (1968): A simple Monte Carlo test procedure. *J. Roy. Statist. Soc. B*, **30**, 582-598.

Huber, P. J. (1981): Robust Statistics. Wiley: New York.

小西貞則(1990): ブートストラップ法と信頼区間の構成. 応用統計学, **19**, 137-162.

Konishi, S. (1991): Normalizing transformations and bootstrap confidence intervals. *Ann. Statist.*, **19**, 2209-2225.

小西貞則，本多正幸(1992): 判別分析における誤判別率推定とブートストラップ法. 応用統計学，**21**, 67-100.

久保川達也，江口真透，竹村彰通，小西貞則(1993): 統計的推測理論の現状. 日本統計学会誌，**22**, 257-312.

Marriot, F. H. C. (1979): Barnard's Monte Carlo test: how many simulations? *Appl. Statist.*, **28**, 75-77.

Montgomery, D. C. and Peck, E. A. (1992): Introduction to Linear Regression Analysis. Wiley: New York.

Mosteller, F. and Tukey, J. W. (1977): Data Analysis and Regression: A Second Course in Statistics. Addison-Wesley, Reading: Mass.

Simon, J. L. (1969): Basic Research Methods in Social Science. Random House: New York (2nd ed., 1978; 3rd ed. [with Paul Burstein], 1985).

Simon, J. L., Atkinson, D. T. and Shevokas, C. (1976): Probability and statistics: Experimental results of a radically different teaching method. *The American Mathematical Monthly*, **83** (November).

Stone, M. (1974): Cross-validatory choice and assessment of statistical predictions. *J. Roy. Statist. Soc.*, **36**, 111-133.

竹村彰通(1991): 現代数理統計学. 創文社.

竹内啓，大橋靖雄(1981): 統計的推測——2 標本問題. 日本評論社.

Tukey, J. W. (1962): The future of data analysis. *Ann. Math. Statist.*, **33**, 1-67.

Tukey, J. W. (1977): Exploratory Data Analysis. Addison-Wesley, Reading: Mass.

汪金芳，大内俊二，景平，田栗正章(1992): ブートストラップ法——最近までの発展と今後の展望. 行動計量学，**19**, 50-81.

汪金芳，田栗正章(1996): ブートストラップ法——2 標本問題からの考察. 統計数理，**44**, 3-18.

Wang, J. and Taguri, M. (1998): Improved bootstrap through modified resample size. *J. Jap. Statist. Soc.*, **28**, 181-192.

II

超一様分布列の数理

手塚集

目　次

1 超一様分布列とは

超一様分布列は，かつて「準乱数」とよばれていたものとほとんど同じものである．なぜ呼び方が変わったのかについて説明することが，この分野の歴史と背景を述べることにもつながるため，この話から入ろう．

超一様分布列は low-discrepancy sequences の訳として考えられたものであり，一方，準乱数は quasi-random numbers の訳である．後者は Hammersley と Handscomb の古典的名著 *Monte Carlo Methods*(1964)の中で用いられてから，広く使われるようになった．その当時は，「擬似乱数(pseudo-random numbers)」と区別してこうよばれていたが，あくまで乱数の一種として分類されていた．そもそも擬似乱数とは，乱数と一見区別できないような，決定論的に生成された数列である．一方，準乱数は，数値積分の収束が速くなるように工夫された特殊な点列を指しており，「乱数らしさ」をもつことは一切要求されていない．つまり，乱数とは何の関係もないのである．それにもかかわらず，擬似乱数，準乱数どちらも，コンピューター上でアルゴリズムにより(確率的でなく)決定論的に作られる特殊な数列で，単に使用目的が違うだけであるという理由から，両者には似たような用語が当てられてしまったのである．それでも当時のように，この両者の違いをよく理解した専門家の間でのみ準乱数が使われていた頃は，単に名前だけの問題として済んでいたのだが，今日のようにコンピューターがこれだけ普及し，「乱数」もさまざまな分野で応用されるようになると，準乱数と擬似乱数を混同するような使い方も目立ってきた．このような背景から，両者の違いを明確にするために，欧米では，low-discrepancy sequences という用語が今日広く使われている．そして，それに呼応して日本でも，その訳語としての「超一様分布列」が用いられるようになってきている．

ではなぜ，「low-discrepancy」の訳が「超一様分布」なのか？　これには少しこの分野の歴史から説明することが必要になる．もともと「ディスクレパンシー(discrepancy)」という概念は，19 世紀から 20 世紀初頭にかけてエルゴード理論との密接な関係もあって広く研究された「一様分布論」という数論の一分野に起源がある．「一様分布論」は，ある空間における無限点列の(漸近的な)分布を議論する分野であるが，その後 20 世紀前半に「無限点列」を「有限点列」に置き換えた時の分布の様子を研究する「Irregularities of Distribution(分布の不規則性)」という分野へと発展していった．そこでは，分布の不規則性，すなわち一様分布からのズレを測る尺度としてディスクレパンシーという量が定義され，ディスクレパンシーができるだけ小さい，つまり「一様性のできるだけ高い」有限点列を構成することが主要な研究テーマとなった．こうした理由から，「low-discrepancy」と「超一様分布」が結びつくのである．

少し話を変えて，単位超立方体を積分区間とする Riemann 積分をとりあげよう．まず，積分区間に含まれる任意の無限点列に関してその各点における被積分関数値の算術平均を考えると，その収束はどうなるだろうか．当然，収束すら保証できない無限点列が存在することは容易にわかる．では，その値が正しい積分値に収束するための必要十分条件は何だろうか？それが「その無限点列が一様分布すること」なのである．さらに，ここで「無限」を「有限」に置き換えれば，正しい積分値に収束していく様子を知ることができる．このことに関して重要な定理がある．それは，1960 年代に得られた Koksma-Hlawka の定理とよばれるもので，積分の収束の様子と先に述べたディスクレパンシーという量を定量的に結びつけた最初の結果である．この定理により，有限離散的な世界での研究対象であったディスクレパンシーと連続無限な世界での研究対象である「積分」が明確につながってくることになる．この定理が意味するところは，ディスクレパンシーが小さい点列ほど積分の収束が速いということである．

科学技術計算の分野において，数値積分の占める割合は非常に大きい．すでに低次元(5, 6 次元以下)では，いろいろ工夫された計算アルゴリズムがあり，その誤差についても，被積分関数の滑らかさに応じて解析がされている．しかし，それ以上に次元が高くなると，いわゆる「次元の呪い(the curse of dimensionality)」のために，低次元では有効なアルゴリズムがその有効性を失ってしまうことから，「最後の手段(last resort)」としてのモンテカルロ法が一般に用いられている．ただ，モンテカルロ法は，誤差がサンプル数の平方根に反比例しているため，収束が非常に遅い．たとえば，1 桁精度を上げようとすれば，さらに 100 倍の計算時間が必要になるのである．そのため，1960 年代すでに，このモンテカルロ法の問題点を克服するために，先に述べた超一様分布列(当時はまだ，準乱数とよばれていたが)を用いる試みがなされていた．とくに，ソ連において水爆開発に必要となるモンテカルロ計算の高速化に，超一様分布列が使われていたことは，専門家の間ではよく知られている．ところが，そのころの実験結果などから導かれた結論は，高次元(50 次元以上)の数値積分計算では，超一様分布列は有効ではないというものだった．文献によっては，せいぜい 12 次元ぐらいでその有効性はなくなるとしたものまであった．しかし，1990 年代はじめ，とくに金融工学に関連した高次元数値積分の計算が実用上重要になり，その高速化が不可欠(Time is Money)なことから，(50 次元以上の)高次元積分の研究が米国において集中的におこなわれ，その結果，非常に高い次元(場合によっては 1000 次元以上)でも問題によっては，超一様分布列による高速化が可能になることがわかったのである．

第Ⅱ部では，以上のような背景のもとに，この 10 年の間に急速に進歩した超一様分布列による数値積分高速化について，その数理的な側面に焦点をあてて紹介したい．

2 章では，金融工学，とくにデリバティブ(金融派生商品)の価格計算について，その高次元積分との関わりについて述べる．はじめに，オプションという代表的なデリバティブについて説明する．プレーンバニラオプションとよばれるもっとも単純なオプションでは，Balck–Scholes 公式という解析解がすでに求まっており，理論価格が容易に計算できることが知られている．ところが，金融工学の現場において取引されているオプションでは解析解が求まらないものが数多く存在し，そのために高次元数値積分計算が必要となっている．とくに，デリバティブのなかでも，取引量が巨大でかつ商品としても複雑なものとして知られている MBS(mortgage-backed securities，住宅ローン債権を担保として発行された証券)の価格計算にあたっては，360 次元という非常に高次元の数値積分が必要になることを述べる．次いで，MBS 価格計算に超一様分布列を適用した例を紹介する．わずか数千というサンプル数でみても，モンテカルロ法と比較すると，著しい高速化が得られることがこの例により示される．

3 章では，高次元積分に対する最適アルゴリズムについてとりあげる．計算機科学の一分野として，連続問題に対するアルゴリズムの計算量を研究する分野がある．この分野は，「情報に基づく複雑性理論：Information-Based Complexity(IBC)」という名前でよばれ，おもなテーマは，常・偏微分方程式，多重積分，非線形方程式，近似問題，積分方程式，最適化問題などの連続量を扱う問題の解を，ある与えられた誤差(あるいは精度) ε の範囲内で解くために最低必要となる計算量を求めることである．したがってこの場合，計算量は問題のサイズ(次元)および誤差 ε の関数として計られる．近似解を求めることを前提にしている点が離散問題の場合との大きな違いである．そして過去 10 年におけるこの分野の重要な成果が「高次元積分のための最適アルゴリズム」なのである．超一様分布列が高次元積分に対する(平均的な意味での)最適アルゴリズムとなることが理論的に示される．それに続いて，最近研究が活発になっている Koksma-Hlawka の定理の一般化という話題も紹介する．

4 章では，超一様分布列の構成法について詳しく述べたい．まず 1 次元超一様分布列として代表的な van der Corput 列を説明し，その k 次元への拡張である Halton 列を紹介する．その後，今日広く使われている (t, k) 列について詳細に述べる．ここで，整数 $t \geq 0$ は一様性の程度を表わし，整数 k は次元を表わしている．t の値が小さいほど一様性が高いことを意味しているので，$(0, k)$ 列がもっとも一様性が高いことになる．つづいて紹介する一般化 Niederreiter 列というクラスは，有限体上の有理関数体を用いた (t, k) 列の構成法として知られるものであり，これには，従来から知られていた Sobol' 列，Faure 列などが含まれている．また，有限体上の多項式を用いて定義した Halton 列が，一般化 Niederreiter 列の特殊な部分集合になるという興味深い結果についても述べる．

5 章では，$(0, k)$ 列に関してさらに詳しく議論する．ここでの中心的なテーマは，ランダマイゼーションの導入である．まず，Owen のスクランブリング法を紹介する．これは，$(0,k)$ 列に対して特殊なスクランブルを施すことでその収束を(理論的にも実際にも)速めるという手法である．次いで，一般化 Niederreiter 列というクラスの中で $(0,k)$ 列を構成している部分集合を「一般化 Faure 列」と定義する．その名のとおり，このクラスはオリジナルの Faure 列を含む $(0,k)$ 列の広いクラスである．一般化 Faure 列をランダムに選ぶことが，上に述べた Owen のランダムスクランブルに一致するという非常に重要な結果を説明する．

最後の章では，超一様分布列に関して現在もっともホットなトピックを簡単に紹介する．金融工学での成功の後，他の分野，たとえば，計算物理や統計計算などで現われる高次元積分に対しても超一様分布列により同様の高速化が得られることが報告されている．そこで生じる自然な疑問は，「数百次元もの高次元空間からわずか数千サンプル選ぶのに，ランダムに選ぶか超一様に選ぶかで，どうしてそのような大きな違いが生れるのか？」ということであり，この疑問を理論的に解明することに現在多くの研究者が取り組んでいる．そのいくつかの試みについて触れる．最後に，高次元数値積分以外の計算機科学に関連するいくつかの分野，たとえば，計算幾何学，組み合わせ論などでも最近，「ディスクレパンシー」が重要になっていることを紹介する．

2 高次元積分の実例——金融工学の現場から

この章の目的は金融工学そのものの紹介ではなく，超一様分布列の理論の動機付けと典型的な応用例を示すことにある．金融工学に関しては，本書末尾にあげた参考文献および本シリーズの第 8 巻『経済時系列の統計——その数理的基礎』所収の「金融時系列分析入門」(刈屋武昭著)を参照されたい．

2.1 オプションの価格計算

はじめに，金融工学の金字塔といわれている Black-Scholes のオプション公式を紹介しよう．オプションはデリバティブのなかでももっとも代表的なものである．これは，将来のある決められた期日(行使日)に，あらかじめ決められた価格(行使価格)で金融資産(原資産)を取引するかどうかを決める権利(オプション)を商品化したもので，コールオプションとは買う権利を，プットオプションとは売る権利を対象としたもののことである．

原資産の将来時点 t での価格を S_t と表わすとすると，行使日 T における利益 c は，コールオプションでは，

$$c = \max(S_T - K, 0) \tag{1}$$

となる．ここで K は行使価格である．つまり，S_T が K より大きければ，権利を行使して行使価格 K で資産 S_T を手に入れることができるので，それをすぐに市場で売却すれば，利益 $S_T - K$ を得ることになる．逆の場合は権利行使をしないので，利益は 0 になる．このようなオプションの理論価格はいくらになるかという問題が，経済学では長年の懸案となっていたが，1973 年，Black と Scholes によりはじめてこのオプションの理論価格が導かれたのである．それによれば，まず原資産の価格を次のような確率微分方程式でモデル化する．

$$dS_t = rS_t dt + \sigma S_t dW_t \tag{2}$$

ここで，r はリスクのない金利(国債の金利のようなもの)，σ はボラティリティとよばれるもので価格のばらつきを表わす量である．Black-Scholes 理論によれば，コールオプションの理論価格は式(1)で表わされる支払いの期待値を金利 r で割り引いたものとなる．具体的には，Ito の公式を使って式(2)を

$$d\log S_t = (r - \sigma^2/2)dt + \sigma dW_t$$

と変形すると，この式は，$\log(S_t/S_0)$ が時刻 t において平均 $(r - \sigma^2/2)t$ かつ分散 $\sigma^2 t$ の正規分布に従うことを意味するので，理論価格は結局

$$E(c) = \frac{e^{-rT}}{\sqrt{2\pi T}\sigma} \int_{-\infty}^{\infty} \max(S_0 e^z - K, 0) \exp\left(-\frac{(z-(r-\sigma^2/2)T)^2}{2\sigma^2 T}\right) dz$$

という1次元の積分で書ける．この積分は解析的に計算することができて，いわゆるBlack–Scholesのオプション公式(コールオプションの場合)

$$E(c) = S_0 \mathrm{N}(d) - K\exp(-rT)\mathrm{N}(d - \sigma\sqrt{T})$$

が導かれる(プットオプションの場合も同様に導ける)．ここで

$$d = \frac{1}{\sigma\sqrt{T}} \log\left(\frac{S_0 \exp(rT)}{K}\right) + \frac{\sigma\sqrt{T}}{2}$$

であり，$\mathrm{N}(x)$ は標準正規分布の累積分布関数，つまり

$$\mathrm{N}(x) := \frac{1}{\sqrt{2\pi}} \int_{-\infty}^{x} e^{-\frac{1}{2}z^2} dz$$

である．これにより，それまで何の合理的基準もなく決められていたオプションの値段に理論価格という目安が与えられ，さらにそれが電卓で計算できるような簡単な式で表わせたことは画期的なことだった．

ところが，今日取引されているデリバティブの多くは，その理論価格を上のような解析解として導くことができない．とくにエキゾチックオプションあるいは経路依存型オプションとよばれるものがそれである．たとえば，その中の1つにルックバックオプションというものがある．これは，先の支払い関数の式(1)において，S_T を $\max_{0 \le t \le T} S_t$ で置き換えたものである．つまり，行使日までの原資産の価格のうちでの最大値を行使価格と比べるということを意味している．たとえば，T を100日後(簡単のため土,日も営業するとして)として，それまでの毎日の終値を S_t とし，またその間，式(2)の定数 r, σ は変わらないとすると，理論価格式は，

$$e^{-rT} \int_{\boldsymbol{R}^{100}} \max\left(\max_{1 \le t \le 100} S_t - K, 0\right) f(S_1, \cdots, S_{100}; r, \sigma) dS_1 \cdots dS_{100}$$

という100次元の積分に変わってしまう．ここで，$f(S_1, \cdots, S_{100}; r, \sigma)$ は $S_1, \cdots, S_{100}$ の従う同時確率密度関数とする．実際，この解析解は未だに求められていないため数値計算が必要になる．

また別の例として，バスケットオプションというものもある．先の例では，同一原資産の価格の時間変化が変数になっていたが，この例では，原

資産を複数個 $S_t^{(1)}, S_t^{(2)}, \cdots, S_t^{(k)} (k>1)$ 考え，それぞれが，

$$dS_t^{(i)} = rS_t^{(i)}dt + \sigma^{(i)}S_t^{(i)}dW_t^{(i)}, \quad i=1,\cdots,k$$

をみたすものとモデル化する．そして，Brown 運動 $W_t^{(i)}$, $i=1,\cdots,k$ の間には共分散 $\mathrm{Cov}(W_t^{(i)}, W_t^{(j)}) = \rho_{ij}t$ があると仮定する．ここで支払い関数を

$$\max\left(\frac{\sum_{1\le i\le k} S_T^{(i)}}{k} - K, 0\right)$$

のように決めるとその理論価格は

$$e^{-rT}\int_{\boldsymbol{R}^k} \max\left(\frac{\sum_{1\le i\le k} S_T^{(i)}}{k} - K, 0\right) f(S_T^{(1)}, \cdots, S_T^{(k)}; r, \sigma^{(i)}, \rho_{ij}) dS_T^{(1)} \cdots dS_T^{(k)}$$

という k 次元積分で表わされる．この場合も解析解は知られていないため数値計算が必要になる．

上にあげた 2 つの例に共通する重要な点は，理論価格を求めるために高次元数値積分が必要になるということである．そして金融工学では，このような高次元積分を高速に計算することが必須となる．数値計算の方法としては，上のように理論価格を積分として表わし，それを計算するためにモンテカルロ法を用いる場合が多いが，積分を介さずに，Black–Scholes タイプの偏微分方程式を導いて，差分法，有限要素法などを用いるアプローチもある．

次の節では，デリバティブの中でも，取引額が大きく，また計算問題としてもむずかしいことで知られる MBS(mortgage-backed securities)を例にとってさらに詳しく説明しよう．この場合は 360 次元の積分を計算することが必要になる．後でも述べることだが，1990 年代この積分計算を高速化する要求が高まったことから超一様分布列の研究が急速に盛んになっていった．

2.2 MBS 価格計算問題

MBS は住宅ローン債権を証券化したもので，米国では今日，巨大なマー

ケットを形成している．最初のMBSは1970年にGNMA（Government National Mortgage Association）によって発行され，現在この市場における残高は約4兆ドルに達している．わが国では，2000年度に住宅金融公庫が最初のMBSを発行したばかりであり，MBS市場はまだまだ小さいが，金融工学では，きわめて重要なテーマである．

MBSの価格計算問題を，パススルー証券とよばれるもっとも単純な証券で説明しよう．考えているのは，貸し出し金利 r_0 の元利均等方式による30年の住宅ローンで，毎月の返済額を C とする．そして，各 $k=1,2,\cdots,360$ に対して，

r_k: 第 k 月目の金利（月率）

w_k: 第 k 月目に（全額）期限前償還がおきる確率

$B_k = C(1+1/(1+r_0)+\cdots+1/(1+r_0)^{360-k})$: 第 k 月目の元本残高

と定義しよう．

また，金利 r_k は $k=1,2,\cdots,360$ に対して，

$$r_k = K_0 \exp(\sigma z_k) r_{k-1}$$

に従うものとする．ここで K_0 は定数とし，z_k, $k=1,2,\cdots,360$ は独立な標準正規分布と仮定する．

期限前償還の確率 w_k, $k=1,2,\cdots,360$ は，ここでは，金利 r_k, $k=1,2,\cdots,360$ のみに依存すると考えている．具体的には

$$w_k = K_1 + K_2 \arctan(K_3 r_k + K_4)$$

のようにモデル化する．ここで，K_1, K_2, K_3 および K_4 は定数項であり，金利が低ければ期限前償還が増え，金利が高くなるにつれて減少するように決められている．

さて，このような仮定のもとに第 k 月目のキャッシュフローは

$$M_k(r_1,\cdots,r_k) = (1-w_1)\cdots(1-w_{k-1})(C(1-w_k)+B_k w_k)$$

と表わすことができる．ここで，$w_k(r_1,\cdots,r_k)$, $k=1,2,\cdots,360$ は期限前償還率を表わしている．すると将来30年間（360カ月）にわたって生じるキャッシュフローの現在価値は，割引率

$$d_k(r_1,\cdots,r_{k-1}) = \prod_{i=0}^{k-1} \frac{1}{1+r_i}$$

を掛けて，

$$p(r_1, \cdots, r_{360}) = \sum_{k=1}^{360} d_k(r_1, \cdots, r_{k-1}) M_k(r_1, \cdots, r_k) \qquad (3)$$

と表わすことができる．金利 $r_1, \cdots, r_{360}$ が確率変数 $z_1, \cdots, z_{360}$ の関数であることから，最終的に求めたいものは次のような期待値となる．

$$E(p) = \frac{1}{(2\pi)^{180}} \int_{\boldsymbol{R}^{360}} p(z_1, \cdots, z_{360}) \exp\left(-\frac{z_1^2 + \cdots + z_{360}^2}{2}\right) dz_1 \cdots dz_{360}$$

つまり，360次元の積分を計算するのである．

注1 このモデルは，非常に単純化したものであることに注意したい．期限前償還は全額返済を仮定しており，また金利モデルももっとも単純な幾何Brown運動である．実際に金融工学の現場で使われているモデルでは，部分返済も当然考慮されているし，金利モデルももっと複雑なものが使われている．

注2 ここで紹介したMBSは，パススルー証券といわれるもっとも単純なMBSである．その他に，CMO(collateralized mortgage obligation)とよばれるMBSがあり，米国では巨大な市場を形成している．この商品はパススルー証券を小さく切り分けて別々の証券として販売するというもので，この場合の価格計算は非常に複雑になる．

金融工学で現われる積分計算問題は，多くの場合次のような形をとることが知られている．

$$E(p) = \frac{1}{(\sqrt{2\pi})^k |C|^{1/2}} \int_{\boldsymbol{R}^k} p(\boldsymbol{v}) \exp\left(-\frac{1}{2}\boldsymbol{v}C^{-1}\boldsymbol{v}^{\mathrm{T}}\right) d\boldsymbol{v}$$

ここで，$p(\boldsymbol{v})$ は k 次元行ベクトル $\boldsymbol{v}$ を変数とする支払い関数，C(共分散行列)は対称正定値 $k \times k$ 行列で，$|C|$ は行列式を表わす．変数変換すればこの積分は

$$E(p) = \frac{1}{(\sqrt{2\pi})^k} \int_{\boldsymbol{R}^k} p(A\boldsymbol{z}^{\mathrm{T}}) \exp\left(-\frac{||\boldsymbol{z}||^2}{2}\right) d\boldsymbol{z}$$

となる．ここで，A は $AA^{\mathrm{T}} = C$ を満足する $k \times k$ の実行列である，また $||\boldsymbol{z}||$ は k 次元ベクトル $\boldsymbol{z} = (z_1, \cdots, z_k)$ の L_2-ノルム(ユークリッドノルム)を表わしている．

実際のインプリメンテーションでは，この積分の積分区間を，次のように k 次元単位立方体に変数変換している．ここで $\boldsymbol{x} = (x_1, \cdots, x_k)$ とする．

$$x_i = \frac{1}{\sqrt{2\pi}} \int_{-\infty}^{z_i} \exp\left(-\frac{z^2}{2}\right) dz, \quad i = 1, \cdots, k$$

$$\prod_{i=1}^{k} \frac{dx_i}{dz_i} = \frac{1}{(\sqrt{2\pi})^k} \exp\left(-\frac{\|\boldsymbol{z}\|^2}{2}\right)$$

つまり，

$$E(p) = \int_{[0,1]^k} p(A(\mathrm{N}^{-1}(x_1), \cdots, \mathrm{N}^{-1}(x_k))^{\mathrm{T}}) d\boldsymbol{x}$$

となっている．

先にも述べたように，金融工学では次元 k は数百次元(ときには 1000 次元以上)にもなり，そういった高次元積分を高速に計算することが求められているのである．

■MBS 計算高速化の例

超一様分布列による MBS 計算高速化の具体例を 1 つ示そう．この実験では，サンプルの算術平均により積分の近似値を計算している．また，パラメーターは

$$(r_0, K_0, K_1, K_2, K_3, K_4, \sigma)$$
$$= (0.00625, 0.98, 0.24, 0.134, -261.17, 12.72, 0.2)$$

を用いている．$E(p)$ の値をあらかじめ，数百万サンプル使って求めた結果は $143.0182 \times C$ であった．また，ここでは 2 つの異なる超一様分布列(具体的には，Faure 列と一般化 Faure 列である．これについては後の章で詳しく述べる)を用いている．

図 1 に，収束の様子を示す．乱数列と超一様分布列の比較である．実線は，乱数列(モンテカルロ法)の結果を示す．2 つの破線は，それぞれ 2 種類の超一様分布列の結果である．ここで，一般化 Faure 列はランダムに選んだものを使っている．すると，次の 2 つの比較が可能となる．

(i) 乱数列　対　一般化 Faure 列

(ii) Faure 列　対　一般化 Faure 列

たとえば，図 1 において 1000 サンプル点のところでみると一般化 Faure 列の結果はほぼ収束している．一方，乱数列および Faure 列の結果はだいたい同じような精度であり，一般化 Faure 列に比べ約 1 桁精度が低い．もと

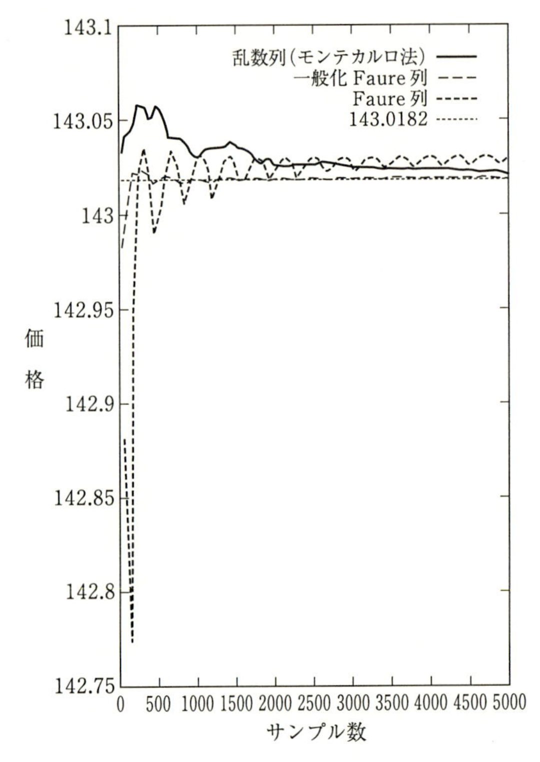

図 1 乱数列と超一様分布列の収束の比較：MBS の場合

もとモンテカルロ法は確率的な手法であり，それに対し，超一様分布列は決定論的な手法なので，両者の収束のスピードを比較するのも簡単ではないが，よく用いられる 1 つの方法は，精度が 1 桁違うということに着目するもので，それを使えば「超一様分布列により約 100 倍のスピードアップが得られた」ということができる．

また，この例は MBS の 1 例にすぎないが，他のさまざまな種類のデリバティブ価格計算問題に対しても，同様の著しい高速化が得られることが多くの研究者，実務家によってすでに確認されており，現在では，超一様分布列は金融工学の現場では欠かせない技術となっている．しかし，誰でも不思議に感じるのは「数百次元もの高次元空間からわずか数千サンプル選ぶのに，ランダムに選ぶか超一様に選ぶかで，どうしてそのような大きな違いが生まれるのか？」ということである．まさにその謎をいかに解明するかが第II部の主題となる．

3　高次元積分の計算複雑性

本章では，高次元積分の計算量に関する理論について紹介したい．主なテーマは，積分計算高速化の限界とその限界を達成する最適アルゴリズムである．

近年，欧米において，数値解析あるいは数値計算の分野で長年にわたって得られた成果をも含んだ形で，とくに「計算複雑性」という観点から構築されようとしているのが，「連続問題に対する計算複雑性とアルゴリズムに関する理論」である．この分野は，「情報」という観点から，大きく2つに分類されている．情報が完全な場合と不完全な場合である．前者の例としては多項式の根，行列計算などが含まれ，後者の例としては積分，微分方程式の解などがある．この例からもわかるように，後者では，問題として与えられるものが連続な空間における関数の形をとることが多いため，本質的に無限次元を扱うことになる．そのため計算機上でアルゴリズムを考えるとなると連続空間を離散化せざるを得ず，入力が本来もっている情報のうち断片的なものしか用いることができない．この意味で，情報は不完全となってしまう．したがって，このような問題に対するアルゴリズムの質は「情報の不完全さ」に大きく依存することになり，逆にいえば，どう情報をとるかでアルゴリズムの良し悪しが決まってくるのである．そのような背景から，後者は現在では「情報に基づく複雑性理論(IBC)」とよばれている．そして90年代におけるこの分野の大きな成果が高次元積分に対する最適アルゴリズムであり，その金融工学への見事な応用だった．

3.1　最悪ケースにおける「次元の呪い」

現実の応用問題で現われる被積分関数のほとんどは，初等関数の組み合わせで表わされるような不定積分をもたないので，解析的に積分を求めることができない．したがって，問題は数値的に解かざるを得ないことになる．

F を k 次元単位立方体 $[0,1]^k$ の上で定義される実数値関数のクラスとする．積分の場合には解演算子 S は，与えられた被積分関数 $f \in F$ に対して

$$S(f) := I(f) = \int_{[0,1]^k} f(\boldsymbol{x})\, d\boldsymbol{x}$$

と表わすことができる．ここで許される情報演算は関数評価であり，任意の $\boldsymbol{x} \in [0,1]^k$ および任意の $f \in F$ に対して，関数 $f(\boldsymbol{x})$ は評価できると仮定している．そして，$[0,1]^k$ 内の有限個の点 $X_0, X_1, \cdots, X_{N-1}$ における f の値

$$\mathcal{N}(f) = (f(X_0), \cdots, f(X_{N-1}))$$

が与えられると，これらの関数値は組み合わせアルゴリズム ϕ への入力として用いられ，

$$\int_{[0,1]^k} f(\boldsymbol{x})\, d\boldsymbol{x} \approx U(f) := \phi\big(f(X_0), \cdots, f(X_{N-1})\big)$$

の形の近似解 $U(f)$ が生成される(図 2 を参照)．積分においては多くの場合，ϕ は単純な重みつき平均であるため，その計算コストは関数評価の計算コストに比べ無視できるほど小さいことに注意したい．実際，金融工学の例(MBS 価格計算など)では，関数評価 1 回あたり 10^5 回以上の浮動小

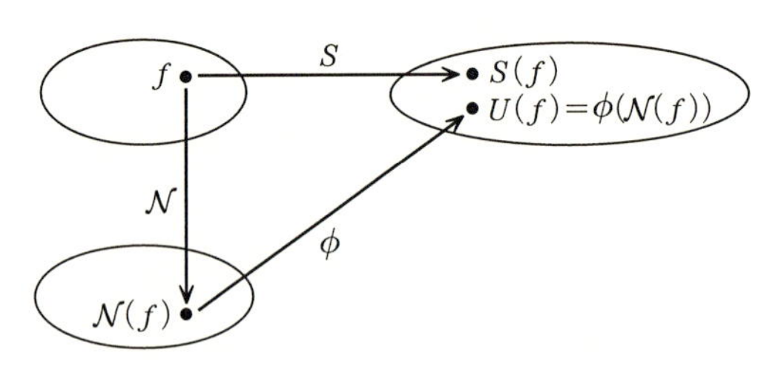

図 2　IBC の概念図

数演算を必要とすることも稀ではなく，それに対して重みつき平均の計算はわずかな加乗算でしかない．

本節では，高次元積分問題(以下それを INT で表わす)に焦点をあてながら，最悪ケースの計算複雑性について考えたい．最悪ケースは文字通りもっとも控えめな設定であり，逆にユーザーに対してはもっとも強力な保証を与えることを意味している．この設定では，誤差 e と計算コスト cost は次のように定義される．

$$e(U) \equiv e^{\mathrm{wor}}(U) := \sup_{f \in F} e(U, f)$$
$$\mathrm{cost}(U) \equiv \mathrm{cost}^{\mathrm{wor}}(U) := \sup_{f \in F} \mathrm{cost}(U, f)$$

ここで，誤差 $e(U) \leq \varepsilon$ が成り立つ場合に，近似解 U を ε-近似とよんでいる．ε-近似はできるだけ少ないコストで計算したいので，問題の計算複雑性は

$$\mathrm{comp}(\varepsilon) = \inf\{\, \mathrm{cost}(U) \mid e(U) \leq \varepsilon \text{ を満たすような } U\} \qquad (4)$$

と表現できる．もし情報 $\mathcal{N}$ と組み合わせアルゴリズム ϕ によって与えられる近似解 U に対して

$$e(U) \leq \varepsilon \quad \text{かつ} \quad \mathrm{cost}(U) = \mathrm{comp}(\varepsilon)$$

となるならば，$\mathcal{N}$ と ϕ をまとめて最適アルゴリズムとよぶことにする．

ここで注意したい点は，被積分関数について有限個の局所的情報 $\mathcal{N}(f)$ しか与えられないとすると，積分値は任意の値をとりうることになり，積分に関しては何もいえなくなるということである．したがって，被積分関数のクラスをある特別なクラス F に制限するような大局的情報が不可欠となる．通常 IBC でとりあげられる被積分関数のクラスは「滑らかさ r」に依存して決められている．つまり，F を r 階微分がある与えられた上界を満足するような関数から成るとするのである．以下，それを F_r と書くことにすると，上界は 1 と仮定しても一般性は失われないので，

$$F_r := \{\, [0,1]^k \xrightarrow{f} \boldsymbol{R} \mid \text{すべての } |\boldsymbol{s}| \leq r \text{ に対して } D^{\boldsymbol{s}} f \text{ が連続かつ}$$
$$\text{すべての } |\boldsymbol{s}| \leq r \text{ に対して } \|D^{\boldsymbol{s}} f\|_{\sup} \leq 1\}$$

と表わされる．ここで，$\|g\|_{\sup} = \sup_{\boldsymbol{x} \in [0,1]^k} |g(\boldsymbol{x})|$ であり，

$$D^{\boldsymbol{s}} = \left(\frac{\partial}{\partial x_1}\right)^{s_1} \cdots \left(\frac{\partial}{\partial x_k}\right)^{s_k}$$

である．また $\boldsymbol{s}=(s_1, \cdots, s_k)$ は非負整数のベクトルを表わし，$|\boldsymbol{s}| = s_1 + \cdots + s_k$ とする．要するに，L_∞-ノルム(sup-ノルム)の意味で滑らかさ r をもつような関数のクラスを考えているのである．通常 F_r は Sobolev 空間の単位球とよばれている．

誤差の上界を $\varepsilon < 1$ とした時，Bakhvalov は，滑らかさ r の被積分関数に対する k 次元積分問題の ε-複雑性が

$$\mathrm{comp}^{\mathrm{wor}}(\varepsilon, k, \mathrm{INT}) = \Theta\left(c(k)\left(\frac{1}{\varepsilon}\right)^{\frac{k}{r}}\right) \qquad (5)$$

となることを示した．ここで，$c(k)$ は関数評価のコストであり，k に依存してもよいことを明示している．Θ-記法の意味であるが，$f=\Theta(g)$ は $f=O(g)$ かつ $g=O(f)$ であることを表わしている．式(5)の記号 Θ には，ε とは独立で r と k には依存してもよいような項が陰に含まれていることに注意したい．

式(5)において $r=0$，つまり，被積分関数が既知の上界をもちかつ連続である場合を考えると，$1/\varepsilon$ の指数が無限大となる，すなわち ε-複雑性が無限大となってしまう．このことは，$r=0$ の場合には誤差が無限大となってしまうような問題要素が存在することを意味している．次に，問題のクラスがもっと滑らかな場合，つまり $r>0$ の場合はどうだろう．この場合には，$r=0$ の場合と異なり ε-複雑性は任意の ε, k および r に対して有限となる．ところが，滑らかさ r および誤差 ε を固定して考えると，その複雑性は次元 k に関し指数関数的に増加していくことになる．計算機科学の研究者は，このように計算量が次元に指数関数的に依存することを「次元の呪い(the curse of dimensionality)」とよんでいる．

複雑性が次元に指数関数的に依存することがなぜ不吉なのかを見るために，1つの例として被積分関数が1階微分可能($r=1$)であるような積分を考えよう．今，その数値計算を2桁の精度まで行いたい，つまり $\varepsilon=10^{-2}$ としよう．すると式(5)が意味するのは，$k=1$ 次元では100個の関数値を計算すれば済むものが，$k=10$ 次元ではなんと 10^{20} 回の関数計算を必要と

するということなのである．これは，任意の点における任意の被積分関数の計算がたった 1 回の浮動小数演算であるとしても，ε-近似を求めるためには 10^{20} 回の浮動小数演算が必要となることを意味している．コンピューターが毎秒 10^{10} 回の浮動小数演算をこなすと仮定しても，ε-近似を計算するのに 10^{10} 秒，すなわち 300 年以上もかかることになってしまう．こうした理由から研究者は，「最悪ケースの設定ではクラス F_r に対する高次元積分は「次元の呪い」を受ける」と表現するようになったのである．

では，どうすればこの「次元の呪い」を解くことができるのだろうか？この話題に入る前に，そこでもっとも重要な役割を果たすことになる「ディスクレパンシー」という概念について，次節で説明しよう．

3.2 一様性とは何か：数学的定義

数論の一分野として Diophantus 近似，数の幾何などの分野と密接に関係して発展してきた領域で，「一様分布論」あるいは「分布の不規則性」とよばれている分野がある．そこでは，19 世紀から 20 世紀初めまでは，無限点列の一様性が主な研究テーマとなっていたのだが，その後，「無限」を「有限」に置き換えた時に生じる一様分布からのズレを定量的に評価することが重要なテーマとなり，今日まで研究が続いている．簡単にいえば，ディスクレパンシーとはこの「ズレ」のことである．

まず，無限点列の一様性から始めよう．その定義は次のようになる．

定義 1 $X_n,\ n=0,1,\cdots$ を k 次元単位立方体 $[0,1]^k$ 内の無限点列とし，$\sharp(A;N)$ は区間 A に入る点 $X_n,\ n=0,1,\cdots,N-1$ の数を表わすとする．任意の k 次元区間 $[\boldsymbol{a},\boldsymbol{b})\subset[0,1]^k$（ここで $\boldsymbol{a}=(a_1,\cdots,a_k)$ および $\boldsymbol{b}=(b_1,\cdots,b_k)$ かつ $b_i>a_i\ (1\le i\le k)$ とする）に対して，

$$\lim_{N\to\infty}\frac{\sharp([\boldsymbol{a},\boldsymbol{b});N)}{N}=\prod_{i=1}^{k}(b_i-a_i)$$

となれば，無限点列 $X_n,\ n=0,1,\cdots$ は一様であるという． ▮

この一様性と Riemann 積分の間には切っても切れない次のような重要な関係がある．

定理 1　無限点列 $X_n,\ n=0,1,\cdots$ が k 次元単位立方体 $[0,1]^k$ 内で一様であるための必要十分条件は,

$$\lim_{N\to\infty}\frac{1}{N}\sum_{n=0}^{N-1}f(X_n)=\int_{[0,1]^k}f(\boldsymbol{x})d\boldsymbol{x}$$

である. ここで, f は $[0,1]^k$ 上で定義される任意の(Riemann 可積分)実数値関数である. ▎

次の例は, 一様分布する無限点列の代表的なものであり, 1 次元の場合を Weyl 列, 高次元の場合を Kronecker 列あるいは Richtmyer 列とよんでいる.

例 1　点列 $(\{n\theta_1\},\cdots,\{n\theta_k\}),\ n=0,1,\cdots$ は, 実数 $1,\theta_1,\cdots,\theta_k$ が有理数体上線形独立ならば一様となる. ここで, $\{x\}$ は実数 x の浮動小数部分をとることを意味している. ▎

さて, 次に有限点列の場合を考えよう. 無限点列を有限点列に置き換えることで積分の収束の様子を定量的に捉えることが可能になる. ディスクレパンシーの定義は次の 2 つが代表的なものである.

定義 2　$X_n,\ n=0,1,\cdots,N-1$ を k 次元単位立方体 $[0,1]^k$ 内の点集合 P_N とし, $\boldsymbol{t}=(t_1,\cdots,t_k)$ とする. そのとき, 点集合 P_N に対するディスクレパンシーは L_2-ノルムでは,

$$T_N^{(k)}=\left(\int_{[0,1]^k}\left(\frac{\sharp([\mathbf{0},\boldsymbol{t});N)}{N}-t_1\times\cdots\times t_k\right)^2 d\boldsymbol{t}\right)^{1/2}$$

と定義され, L_∞-ノルムでは,

$$D_N^{(k)}=\sup_{\boldsymbol{t}\in[0,1]^k}\left|\frac{\sharp([\mathbf{0},\boldsymbol{t});N)}{N}-t_1\times\cdots\times t_k\right|$$

と定義される. ▎

定義 1 と比べると $\boldsymbol{a}=\mathbf{0},\ \boldsymbol{b}=\boldsymbol{t}$ となるような部分区間のみを対象としていることに注意したい. 図 3 に 10 点からなる 2 次元点集合の例を示す.

L_2-ディスクレパンシーについては, 次のような展開式が知られている.

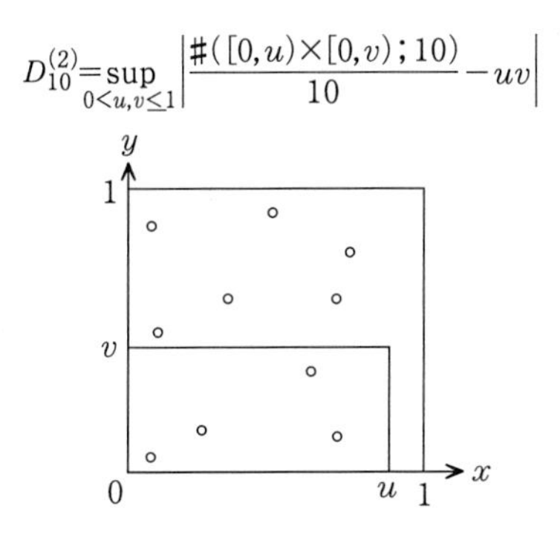

図 **3**　2 次元ディスクレパンシーの例

$$(T_N^{(k)})^2 = \int_{[0,1]^k\times[0,1]^k} \bar{K}(\boldsymbol{x},\boldsymbol{y})d\boldsymbol{x}d\boldsymbol{y} - \frac{2}{N}\sum_{n=0}^{N-1}\int_{[0,1]^k}\bar{K}(X_n,\boldsymbol{y})d\boldsymbol{y} + \frac{1}{N^2}\sum_{n,m=0}^{N-1}\bar{K}(X_n,X_m) \tag{6}$$

ここで

$$\bar{K}(\boldsymbol{x},\boldsymbol{y}) = \prod_{i=1}^{k}(1-\max(x_i,y_i))$$

であり，$\boldsymbol{x}=(x_1,\cdots,x_k)$ かつ $\boldsymbol{y}=(y_1,\cdots,y_k)$ とする．

また，L_2-ディスクレパンシーの最適な下界に関して次の Roth の定理がよく知られている．

定理 2（Roth の定理）　任意の $N>1$ に対して

$$\min_{N\text{点集合}} T_N^{(k)} = \Theta\left(\frac{(\log N)^{\frac{k-1}{2}}}{N}\right)$$

∎

Roth の証明は単なる存在証明であったために，具体的な構成方法を与えることが懸案となっていたが，ごく最近，この問題は Chen と Skriganov によって解決された．

一方，L_∞-ディスクレパンシーに関して，一般の k 次元に対する最適な下界は次のような未解決予想となっている．

予想 1　任意の $N>1$ に対して，

$$\min_{N\text{点集合}} D_N^{(k)} = \Theta\left(\frac{(\log N)^{k-1}}{N}\right)$$ ▮

4章で述べるように，右辺を上界とする点列はすでに与えられており，その一方，下界は不等式 $T_N^{(k)} \le D_N^{(k)}$ から得られるものしか現在知られていない．したがって鍵は下界の改良である．この予想はこの分野の Great Open Problem とよばれており，解決できればフィールズ賞に値する難問である．

さて，後の章とも密接に関連するため，ディスクレパンシーの定義の拡張をここで紹介しておこう．まず，ディスクレパンシーの定義が，次のように書きなおせることに注目する．積分を

$$I(f) = \int_{[0,1]^k} f(x_1, \cdots, x_k) dx_1 \cdots dx_k$$

と書き，$[0,1]^k$ 内の N 点集合 $X_0, X_1, \cdots, X_{N-1}$ を用いた近似解を

$$Q(f) = \frac{1}{N}\sum_{n=0}^{N-1} f(X_n)$$

と書く．また，特性関数を

$$\chi_J(\boldsymbol{x}) = \begin{cases} 1 & \boldsymbol{x} \in J \text{ の場合} \\ 0 & \text{その他の場合} \end{cases}$$

と表わすことにする．ここで $J = [0, t_1) \times \cdots \times [0, t_k)$ である．するとディスクレパンシーは次のように書ける．

$$D_N^{(k)} = \sup_J |I(\chi_J) - Q(\chi_J)|$$

および，

$$T_N^{(k)} = \left(\int_{[0,1]^k} (I(\chi_J) - Q(\chi_J))^2 dt_1 \cdots dt_k\right)^{1/2}$$

である．見てわかるように，χ_J を被積分関数とする時の積分誤差がディスクレパンシーなのである．したがって，もし χ_J を別の基底関数(たとえば三角関数など)に置き換えれば，異なったディスクレパンシーが定義できることになる．

3.3　計算複雑性とディスクレパンシー

すでに述べたように，もしすべての入力に対して(すなわち，最悪ケースの設定で)高々εの誤差を保証することにこだわるならば，高次元積分問題は「次元の呪い」に苦しめられることになる．そこで，本節では次元の呪いを解くための方法として最悪ケースの保証を緩め，かわりに確率的保証を用いることを考えよう．これには2つの場合が考えられる．1つは情報に確率分布を導入するものであり，もう1つは，問題要素のクラスの上に確率分布を仮定することである．

前者では，高次元積分に用いる情報

$$\mathcal{N}(f) = (f(X_0), \cdots, f(X_{N-1}))$$

をランダムに選ぶことになる．たとえば，単位立方体上の一様分布に従ってサンプル点$X_0, X_1, \cdots, X_{N-1} \in [0,1]^k$を選択する場合が，よく知られるモンテカルロ法である．高次元積分の計算複雑性については，$[0,1]^k$上連続な関数のクラス(以下$C[0,1]^k$と表わすことにする)に対してモンテカルロ法のコストは常に

$$\Theta\left(c(k)\left(\frac{1}{\varepsilon}\right)^2\right)$$

となることがよく知られている．つまり，ランダマイゼーションの導入により，積分問題における「次元の呪い」が解消されるのである．しかし，ここで$1/\varepsilon^2$の意味をよく考える必要がある．この結果は，解の精度を1桁あげようとするとさらに100倍の計算時間が必要になることを示している．モンテカルロ法の最大の問題点として実際の応用でしばしば指摘される「収束の遅さ」とはこのことを指している．とくに金融工学などの応用では克服すべき大きな課題となっている．

「次元の呪い」を克服するために用いることのできるもう1つの設定が，上にも述べたように，問題要素のクラスの上に確率分布を仮定することである．この方向の研究が，第II部のテーマである超一様分布列による積分法の基礎づけを与えるので，これについて詳しく述べよう．

(a) 平均的ケースにおける最適アルゴリズム

問題のクラス F の上に確率測度 μ を仮定すると，平均的ケースの計算複雑性というものが式(4)において

$$e(U) \equiv e^{\mathrm{avg}}(U) := \left(\int_F e(U,f)^2 \, \mu(df) \right)^{1/2}$$
$$\mathrm{cost}(U) \equiv \mathrm{cost}^{\mathrm{avg}}(U) := \int_F \mathrm{cost}(U,f) \, \mu(df)$$

とすることで一般的に定義できる．平均的ケースの設定では，期待誤差が高々 ε となるという保証が与えられる．複雑性 $\mathrm{comp}^{\mathrm{avg}}$ は最小期待コストを意味している．明らかに

$$\mathrm{comp}^{\mathrm{avg}}(\varepsilon) \le \mathrm{comp}^{\mathrm{wor}}(\varepsilon)$$

なので，この設定に変更することにより「次元の呪い」を克服できる可能性が生まれてくる．

まず，滑らかさを $r=0$ としよう．つまり被積分関数を連続関数のクラス $C[0,1]^k$ からとるとする．さらに，被積分関数の空間上の測度は Wiener シート測度，つまり，平均 0 で共分散カーネル $K(\boldsymbol{x},\boldsymbol{y})$ が，k 次元単位立方体内の任意の 2 点 $\boldsymbol{x}=(x_1,\cdots,x_k)$ および $\boldsymbol{y}=(y_1,\cdots,y_k)$ に対して，

$$K(\boldsymbol{x},\boldsymbol{y}) := \int_{C[0,1]^k} f(\boldsymbol{x})f(\boldsymbol{y}) \, w(df) = \min(\boldsymbol{x},\boldsymbol{y}) := \prod_{i=1}^{k} \min(x_i,y_i)$$

となるようなガウス測度 w であると仮定する．Brown 運動の研究から生じたこの測度は，もっともよく知られるガウス測度である．そのとき，Woźniakowski は次の定理を証明した．

定理 3（Woźniakowski の定理） 連続関数のクラス $C[0,1]^k$ に対して，Wiener シート測度 w を与える．そのとき，点集合 $X_n=(x_n^{(1)},\cdots,x_n^{(k)})$, $n=0,1,\cdots,N-1$ を用いた $Q(f)$ に関して，

$$\int_{C[0,1]^k} (I(f)-Q(f))^2 \, w(df) = (T_N^{(k)}(\bar{X}))^2$$

が成り立つ．ここで $\bar{X}_n=(1-x_n^{(1)},\cdots,1-x_n^{(k)})$, $n=0,1,\cdots,N-1$ とする． ∎

証明は，Fubini の定理を用いて

$$\int_{C[0,1]^k} (I(f) - Q(f))^2 \, w(df)$$
$$= \int_{C[0,1]^k} \left(\int_{[0,1]^k \times [0,1]^k} f(\boldsymbol{x}) f(\boldsymbol{y}) d\boldsymbol{x} d\boldsymbol{y} - \frac{2}{N} \sum_{n=0}^{N-1} \int_{[0,1]^k} f(X_n) f(\boldsymbol{y}) d\boldsymbol{y} \right.$$
$$\left. + \frac{1}{N^2} \sum_{n,m=0}^{N-1} f(X_n) f(X_m) \right) w(df)$$
$$= \int_{[0,1]^k \times [0,1]^k} K(\boldsymbol{x}, \boldsymbol{y}) d\boldsymbol{x} d\boldsymbol{y} - \frac{2}{N} \sum_{n=0}^{N-1} \int_{[0,1]^k} K(X_n, \boldsymbol{y}) d\boldsymbol{y}$$
$$+ \frac{1}{N^2} \sum_{n,m=0}^{N-1} K(X_n, X_m)$$

となることと式(6)を見比べることにより得られる．

この結果と Roth の定理 2 を組み合わせれば，

$$\mathrm{comp}^{\mathrm{avg}}(\varepsilon, k, \mathrm{INT}) = \Theta\left(c(k) \frac{1}{\varepsilon} \left(\log \frac{1}{\varepsilon} \right)^{\frac{k-1}{2}} \right) \qquad (7)$$

が得られる．つまり，L_2-ディスクレパンシーの最小となる点列を用いたときが，平均的ケースにおける最適アルゴリズムとなるのである．

では，滑らかさ $r > 0$ を考慮するとどうなるだろう．Paskov は

$$\mathrm{comp}^{\mathrm{avg}}(\varepsilon, k, \mathrm{INT}) = \Theta\left(c(k) \left(\frac{1}{\varepsilon} \right)^{\frac{1}{r+1}} \left(\log \frac{1}{\varepsilon} \right)^{\frac{k-1}{2(r+1)}} \right)$$

を証明した．$r = 0$ の場合が，もとの Woźniakowski の定理に対応しているので，この結果はその一般化となっているが，最適アルゴリズムは未だ与えられていない．$r = 0$ の場合では，Brown 運動の上での平均として積分誤差が求められることになるが，ここでは，もっと一般に r 回微分したものが Brown 運動となるような滑らかな関数のクラスでの平均を考えている．

これらの結果は，漸近的な意味ではモンテカルロ法の $1/\varepsilon^2$ より優れていることになる．しかし，$\left(\log \frac{1}{\varepsilon} \right)^{\frac{k-1}{2}}$ という項は次元 k が非常に大きければ次第に大きくなっていくことに注意したい．Woźniakowski たちは先

の結果(7)と同じ仮定のもとで記号 Θ に隠れている定数項までも考慮にいれて解析した．そして，次元にまったく依存しない $O\left(\left(\frac{1}{\varepsilon}\right)^{1.478}\right)$ で表わせるような計算複雑性をもつ，高次元積分アルゴリズムの存在を最近証明している．

2章で，金融工学における価格計算問題が，原資産のモデル化を Brown 運動を用いて行っていることを述べた．上にも示したとおり，平均的ケースの設定における最適アルゴリズムが超一様分布列であり，それらはモンテカルロ法より(少なくとも漸近的には)高速な方法であるということができる．さらに，ここでいう平均的ケースの設定とは，Wiener シート測度，言い換えれば多次元 Brown 運動に関して求められたものだったことに注目する必要がある．つまり，ここで超一様分布列の有効性が生かせる問題のクラスと金融工学とが結びつくのである．これらのことを考えれば，超一様分布列を金融工学の問題に適用しようと IBC の研究者たちが思いついたのはきわめて自然だったことがわかる．

(b) Koksma-Hlawka の定理とその一般化

Woźniakowski の結果は，L_2-ディスクレパンシーと積分誤差を直接結びつけた興味深いものであるが，それよりはるか前から，L_∞-ディスクレパンシーと積分誤差を結びつけるものとして知られていた Koksma-Hlawka の定理を紹介しよう．まず，関数 $f(x)$ の変動の定義から始める．

定義 3 k 次元単位立方体内を定義域とする関数 $f(x_1,\cdots,x_k)$ の Vitali の意味での変動 $V^{(k)}(f)$ は

$$V^{(k)}(f)=\sup_{\pi_1,\cdots,\pi_k}\sum_{j_1=1}^{n_1}\cdots\sum_{j_k=1}^{n_k}\left|\delta_{j_1}^{(1)}\cdots\delta_{j_k}^{(k)}f(x_1,\cdots,x_k)\right|$$

と定義される．ここで，

$$\begin{aligned}\delta_{j_i}^{(i)}f(x_1,\cdots,x_k)=&f(x_1,\cdots,x_{i-1},t_{i,j_i},x_{i+1},\cdots,x_k)\\&-f(x_1,\cdots,x_{i-1},t_{i,j_i-1},x_{i+1},\cdots,x_k)\end{aligned}$$

であり，$0=t_{i0}<t_{i1}<\cdots<t_{in_i}=1$, $i=1,\cdots,k$ は k 個の各座標軸 $[0,1]$ の任意の分割 $\pi_1,\cdots,\pi_k$ である．もし，$V^{(k)}(f)$ が有界なら，関数 $f(x_1,\cdots,x_k)$

は Vitali の意味で有界変動であるという． ∎

定義 4　$1 \leq h \leq k$ および，$1 \leq i_1 < \cdots < i_h \leq k$ に対して，関数 $f^{(i_1,\cdots,i_h)}(x_1,\cdots,x_k)$ を関数 $f(x_1,\cdots,x_k)$ の h 次元空間 $\{(u_1,\cdots,u_k) \in [0,1]^k \mid u_j = 1 \text{ for } j \neq i_1,\cdots,i_h\}$ への制限とする．そのとき，

$$V(f) = \sum_{h=1}^{k} \sum_{1 \leq i_1 < \cdots < i_h \leq k} V^{(h)}(f^{(i_1,\cdots,i_h)})$$

を関数 $f(x_1,\cdots,x_k)$ の Hardy–Krause の意味での変動という．もし，$V(f)$ が有界なら，関数 $f(x_1,\cdots,x_k)$ は Hardy–Krause の意味で有界変動であるという． ∎

すると，Koksma–Hlawka の定理は次のように表わせる．

定理 4（Koksma–Hlawka の定理）　$D_N^{(k)}$ を k 次元単位立方体 $[0,1]^k$ 内の点列 $X_0,\cdots,X_{N-1}$ の L_∞-ディスクレパンシーとし，関数 $f(x_1,\cdots,x_k)$ が Hardy–Krause の意味で有界変動とすると

$$|I(f) - Q(f)| \leq V(f) D_N^{(k)}$$

が成り立つ． ∎

この定理の重要な点は，右辺が 2 つのまったく意味の異なる量の積になっている点である．$V(f)$ は被積分関数のみで決まる量であり，点列によらない．一方，$D_N^{(k)}$ は点列の一様性のみで決まり，被積分関数によらない量である．被積分関数が与えられれば，ディスクレパンシーの小さい点列ほど積分誤差は小さくなることを示している．ただし，定義からわかるように，$V(f)$ という量はたとえ有界であっても通常は非常に大きくなる．つまり，実際のアプリケーションで使えるような誤差評価には残念ながらなっていない．

そのような背景から，この Koksma–Hlawka の定理をもっと一般化して実用的なものにしようという研究が最近進んでいる．以下では，そこで使われているアプローチを直感的に紹介したい．まず，積分誤差というものを演算子 $I - Q$ を被積分関数 f に施したものと見ることにする．そして演算子と等価な働きをするリプリゼンターとよばれる関数 ξ を考え，積分誤差を ξ と f の内積 (ξ, f) として表現するのである．そうすると，Cauchy–Schwarz の不等式（もっと一般に Hölder の不等式）を適用することで，積分誤差の

上界が得られることになる．この上界は，Koksma-Hlawka の定理と同じく，2つのまったく意味の異なる量の積で表わされている．1つはリプリゼンターのノルムであり，これはディスクレパンシーの一般化と考えられる．もう1つは被積分関数のノルムであり，関数の変動を表わしている．

問題は，リプリゼンターがどういう条件で存在し，またどのようにすればそれを構成できるかである．この問題に対する1つの答えが,「再生カーネルのついた Hilbert 空間」である．再生カーネル $K(x,y)$ とは読んで字のごとく，そのクラスに属するすべての関数 f に対して

$$f(x) = (K(x,\cdot), f)$$

となるような2変数の関数を指している．下に簡単な例を示そう．

例 2(1次元における再生カーネルの例）

次のような内積

$$(f,g) := \int_0^1 f'(x)g'(x)dx$$

をもち，$f(0)=0$ をみたす関数からなる Hilbert 空間 $\mathcal{H}$ を考える．すると

$$K(x,y) = \min(x,y)$$

は，任意の $f \in \mathcal{H}$ に対して

$$f(x) = (K(x,\cdot), f)$$

をみたすことから，$\mathcal{H}$ の再生カーネルであることがわかる． ▎

一般に再生カーネルを使えば，

$$(I-Q)f(x) = (I-Q)(K(x,\cdot), f) = ((I-Q)K(x,\cdot), f)$$

により，リプリゼンターは，

$$\xi(x) = (I-Q)K(x,\cdot)$$

となるのである．つまり,「リプリゼンターは，再生カーネルに演算子 $I-Q$ を施せば得られる」という重要な性質が導かれる．また，リプリゼンターのノルムは，3.2 節の最後に述べたディスクレパンシーの一般化に対応していることに注意したい．このようなやり方で，積分誤差に関するより実用的な評価を求める研究が進んでいる．

ここでは詳しく述べないが，最悪ケースの設定において，問題のクラスを非常に狭めることにより「次元の呪い」を解くことが可能である．たと

えば，Koksma-Hlawka の定理において $V(f) \leq 1$ となる関数の集合を問題のクラスとして考えれば，「次元の呪い」が解けることがわかる．また Wiener シート測度の共分散カーネルを再生カーネルとするような Hilbert 空間を問題のクラスとして考えれば，その場合も「次元の呪い」は解けてしまう．

また，再生カーネルは，かなり以前から関数近似やデータ解析の分野では使われていたものである．最近では，サポートベクトルマシンでも重要な役割を果たしており，そういう観点からも，Koksma-Hlawka の定理を一般化するという研究は興味深いといえる．

4 超一様分布列の構成法

前の章においてディスクレパンシーと高次元数値積分の誤差との重要な関係について説明した．簡単にいえば，ディスクレパンシーの小さい点列が数値積分の計算誤差を小さくするのである．では，ディスクレパンシーの小さい点列は実際にはどのように構成するのだろうか．それが本章の主題である．

4.1 超一様分布列の定義

まず超一様分布列を定義しよう．

定義 5 超一様分布列は k 次元単位立方体内の無限点列であり，それを $X_0, X_1, \cdots$ と表わす時，先頭の N 点からなる集合 $(X_0, \cdots, X_{N-1})$ がすべての $N > 1$ に対して，

$$D_N^{(k)} \leq C_k \frac{(\log N)^k}{N}$$

を満足するものである．ここで，C_k は次元 k のみに依存する定数． ▌

$\log N$ の指数が k となっているのは次の理由による．まず次のような k

次元単位立方体内の N 点集合

$$\tilde{X}_n = \left(x_n^{(1)}, \cdots, x_n^{(k-1)}, \frac{n}{N}\right), \quad n = 0, 1, \cdots, N-1$$

を考えてみる．ここで $X_n = (x_n^{(1)}, \cdots, x_n^{(k-1)})$, $n = 0, 1, \cdots$ は $k-1$ 次元の超一様分布列とする．もし，定義 5 において $\log N$ の指数が $k-1$ だったとすると，この N 点集合のディスクレパンシーが，任意の $N > 1$ に対して，

$$D_N^{(k)} \leq C_{k-1} \frac{(\log N)^{k-2}}{N}$$

となることを示すことができるのである．しかし，この結果は現在予想されている最適な上界(予想 1 参照)に矛盾してしまうので，結局 $\log N$ の指数は k より小さくできないことになる．言い換えれば，超一様分布列というのは，ディスクレパンシーの意味でもっとも一様な点列として定義されているのである．

4.2 Halton 列

超一様分布列の代表的な構成法としては，Halton 列と (t,k) 列の 2 通りの方式がある．本節では Halton 列を，次節で (t,k) 列を紹介しよう．まず，1 次元超一様分布列として広く知られている van der Corput 列から始めよう．それは，基底逆関数とよばれる次のような写像に基づいている．

定義 6 $b > 1$ を整数とする．整数 $n \geq 0$ に対して $m = [\log_b n]$([ ] はガウス記号)とし，基底逆関数を

$$\phi_b(n) := \frac{a_0}{b} + \frac{a_1}{b^2} + \cdots + \frac{a_m}{b^{m+1}}$$

と定義する．ここで，a_j, $j = 0, 1, \cdots, m$ は n の b 進展開 $n = a_0 + a_1 b + \cdots + a_m b^m$ における係数とする． ∎

すると，van der Corput 列は次のように定義される．

定義 7 1 次元点列

$$x_n = \phi_b(n), \quad n = 0, 1, 2, \cdots$$

を基底 b の van der Corput 列とよぶ．つまり，

$$x_n = \frac{x_{n,1}}{b} + \frac{x_{n,2}}{b^2} + \cdots + \frac{x_{n,m+1}}{b^{m+1}}$$

と書けば，$x_{n,j} = a_{j-1}$ となる． ∎

ここで，$b=2$ としたものを示すと次のようになる．

$$0,\ \frac{1}{2},\ \frac{1}{4},\ \frac{3}{4},\ \frac{1}{8},\ \frac{5}{8},\ \frac{3}{8},\ \frac{7}{8},\ \cdots$$

これは，

$$0,\ \frac{1}{2},\ \frac{1}{4},\ \frac{3}{4},\ \frac{1}{8},\ \frac{3}{8},\ \frac{5}{8},\ \frac{7}{8},\ \cdots,\ \frac{1}{2^n},\ \frac{3}{2^n},\ \cdots,\ \frac{2^n-1}{2^n},\ \cdots$$

という無限列の順番を入れ替えただけであるが，前者は超一様分布列となる一方，後者はそうならないことが証明できる．大きな違いは，van der Corput 列では任意の引き続く 2 項 (x_n, x_{n+1}) をみると，1/2 以上の数と以下の数が交互に現われていることである．さらに詳しく調べてみると，すべての $m>0$ に対して，任意の $j \geq 0$ について，引き続く 2^m 項 $(x_{j2^m}, x_{j2^m+1}, \cdots, x_{(j+1)2^m-1})$ の各項が，区間 $[0,1)$ を 2^m 等分した部分区間にちょうど 1 項ずつ落ちていることがわかる．こういう性質が，この数列を非常に一様なものにしている．

van der Corput 列を単純に k 次元に拡張したものを Halton 列とよんでいる．

定義 8　k 次元点列

$$X_n = (\phi_{b_1}(n), \cdots, \phi_{b_k}(n)), \quad n = 0, 1, 2, \cdots$$

を Halton 列という．ここで，$b_1, \cdots, b_k$ はどの 2 つも互いに素な正整数とする． ∎

Halton 列という名の由来は，Halton がはじめてこの数列が超一様分布列になることを証明したからである．

定理 5(Halton の定理)　任意の $N>1$ に対して，Halton 列の先頭の N 点のディスクレパンシーは

$$D_N^{(k)} \leq C(b_1, \cdots, b_k)\frac{(\log N)^k}{N} + O\left(\frac{(\log N)^{k-1}}{N}\right)$$

となる．ここで，$C(b_1, \cdots, b_k) \approx \prod_{i=1}^{k} \frac{b_i}{\log b_i}$． ∎

この定理の証明は，よく知られる中国人剰余定理に大きく負っている．

定理 6(中国人剰余定理) $b_1, \cdots, b_k$ をどの 2 つも互いに素な正整数とする．また $e_1, \cdots, e_k$ を正整数とし，$M = b_1^{e_1} \cdots b_k^{e_k}$ とする．任意の整数 $0 \le N < M$ に対して，

$$N \equiv n_i \pmod{b_i^{e_i}}, \quad i = 1, \cdots, k$$

(ここで $0 \le n_i < b_i^{e_i}$ とする)と表わすと，$(n_1, \cdots, n_k)$ と N は 1 対 1 に対応する． ∎

この定理と Halton 列の一様性との関係をみるには次のような部分区間を考えるとわかりやすい．

$$\prod_{i=1}^{k} \left[\frac{j_i}{b_i^{e_i}}, \frac{j_i + 1}{b_i^{e_i}} \right)$$

ここで，$0 \le j_i < b_i^{e_i}$ は整数であり，また部分区間の面積はすべて等しく $1/M$ となっていることに注意する．つまり，定義 8 からいえることは，Halton 列 X_n, $n = 0, 1, \cdots, M-1$ は，上の部分区間のおのおのにちょうど 1 点ずつ落ちているということである．そしてこのことは任意の非負整数 $e_1, \cdots, e_k$ に関していえるのである．Halton 列のもつこの「一様性」が，超一様分布列であることの証明に重要な役割を果たしている．

定理 5 において，係数 $C(b_1, \cdots, b_k)$ を最小にするには小さい順に k 個の異なる素数を $b_1, \cdots, b_k$ に割り当てることである．ただ，この場合でも k が十分大きければ，$C(b_1, \cdots, b_k) \approx 2^{k \log k}$ となって，定数項は非常に速く大きくなってしまうことに注意しよう．

一般化 Halton 列(スクランブル Halton 列ともよばれる)は実用上有用なので定義を述べておこう．まず，基底逆関数の一般化から始める必要がある．

定義 9　$n \ge 0$ に対して，

$$\phi_b(n; \pi) := \frac{\pi_0(a_0)}{b} + \frac{\pi_1(a_1)}{b^2} + \cdots + \frac{\pi_m(a_m)}{b^{m+1}}$$

ここで，$\pi = (\pi_0, \pi_1, \cdots)$ は，$\{0, 1, \cdots, b-1\}$ 上の順列の(可算)集合であり，a_j, $j = 0, 1, \cdots, m$ は n の b 進展開 $n = a_0 + a_1 b + \cdots + a_m b^m$ における係数とする． ∎

そして次のように定義する．

定義 10　$\pi^{(i)}$, $i=1,\cdots,k$ をそれぞれ順列の(可算)集合とする．その時

$$X_n = (\phi_{b_1}(n;\pi^{(1)}),\cdots,\phi_{b_k}(n;\pi^{(k)}))$$

を一般化 Halton 列とよぶ．ここで，$b_1,\cdots,b_k$ はどの 2 つも互いに素な正整数とする．　▮

オリジナルの Halton 列は $\pi^{(i)}$, $1 \leq i \leq k$ として単位写像を用いたものに対応している．また，Warnock は $\pi_m^{(i)}(a) \equiv a + m \pmod{b_i}$, $m \geq 0$, $1 \leq i \leq k$ を用いた場合に得られる点列の有効性を実験的に検討している．最近，Atanassov は $\pi_m^{(i)}(a) \equiv a g_i^m \pmod{b_i}$, $m \geq 0, 1 \leq i \leq k$ を用いた場合を理論的に解析し，$g_1,\cdots,g_k$ がある条件を満足したときディスクレパンシーの係数 $C(b_1,\cdots,b_k)$ が $k \to \infty$ に対して非常に速く 0 に近づくことを示した．

4.3　(t,k) 列と (t,m,k) ネット

本節では (t,k) 列の構成法について詳しく述べる．(t,k) 列も Halton 列同様，その基本となるアイデアは van der Corput 列を k 次元へ一般化するというものである．Halton 列では基底 b を変えることで一般化したが，(t,k) 列では基底は同一のまま一般化を行うことになる．

直感的に理解しやすくするために，2 次元 Sobol' 列を例にアイデアを説明しよう．まず，定義 7 を次のように書き直してみる．

$$\boldsymbol{x}_n = C\boldsymbol{a} \tag{8}$$

ここで，$\boldsymbol{x}_n = (x_{n,1},\cdots,x_{n,m+1},\cdots)^{\mathrm{T}}$ であり，$\boldsymbol{a} = (a_0,\cdots,a_m,\cdots)^{\mathrm{T}}$ である．行列 C はこの場合単位行列に一致している．一般に，このような点列生成に用いる行列 C を生成行列とよんでいる．

van der Corput 列を 2 次元以上に拡張するためのアイデアは，生成行列に単位行列以外のものを用いてはどうかというものである．Sobol' は第 1 座標の生成行列に単位行列，つまり van der Corput 列を用い，第 2 座標には次のような生成行列を用いることを考えた．

$$P = \begin{pmatrix} 1 & 1 & 1 & 1 & \cdots \\ & 1 & 2 & 3 & \cdots \\ & & 1 & 3 & \cdots \\ & 0 & & 1 & \cdots \\ & & & & \cdots \end{pmatrix}$$

この行列は，Pascal の三角形が右上半分に置かれたものなので，Pascal 行列とよばれている．Sobol' は，基底を 2 にとり，modulo 2 で式(8)を計算することとし，それにより生成される 2 次元点列が次のような一様性をもつことを示した．まず 2 次元単位平面 $[0,1]^2$ を次のように等分割する．x 座標を 2^{s_1} 等分，y 座標を 2^{s_2} 等分するのである．ここで，$s_1+s_2=m$ $(s_1, s_2 \geq 0)$ としておく．すると，2 次元単位平面は全部で 2^m 個の部分区間に等分割できることになる．2 次元 Sobol' 列を X_n, $n=0,1,\cdots$ と書くと，すべての $m>0$ に対して，任意の $j \geq 0$ をとったときに，引き続く 2^m 点 $(X_{j2^m}, X_{j2^m+1}, \cdots, X_{(j+1)2^m-1})$ の各点が，2^m 等分した 2 次元部分区間にちょうど 1 点ずつ落ちているのである．それも $s_1+s_2=m$ $(s_1, s_2 \geq 0)$ をみたすすべての等分割に関していえるのである．この性質は，先に説明した van der Corput 列の 1 次元における一様性を 2 次元に拡張したものになっている．図 4 には，$m=3$ の場合が示されている．

Sobol' のこのアイデアを一般化したものが (t,k) 列である．まず準備が必要になる．

定義 11 b 進ボックスとは次の形をした半開区間

$$E = \prod_{i=1}^{k} \left[\frac{j_i}{b^{s_i}}, \frac{j_i+1}{b^{s_i}} \right)$$

である．ここで，s_i と j_i $(1 \leq i \leq k)$ は，$s_i \geq 0$ および $0 \leq j_i < b^{s_i}$ をみたす整数である． ▮

定義 12 $0 \leq t \leq m$ を整数とした時，基底 b の (t,m,k) ネットとは，$[0,1]^k$ 内の b^m 個の点の集合でかつ体積が b^{t-m} となる任意の b 進ボックス E に対して $\sharp(E; b^m) = b^t$ をみたすものをいう． ▮

そして，(t,k) 列は次のように定義される．

定義 13 $t \geq 0$ を整数とする．基底 b の (t,k) 列とは，$[0,1]^k$ 内の点列

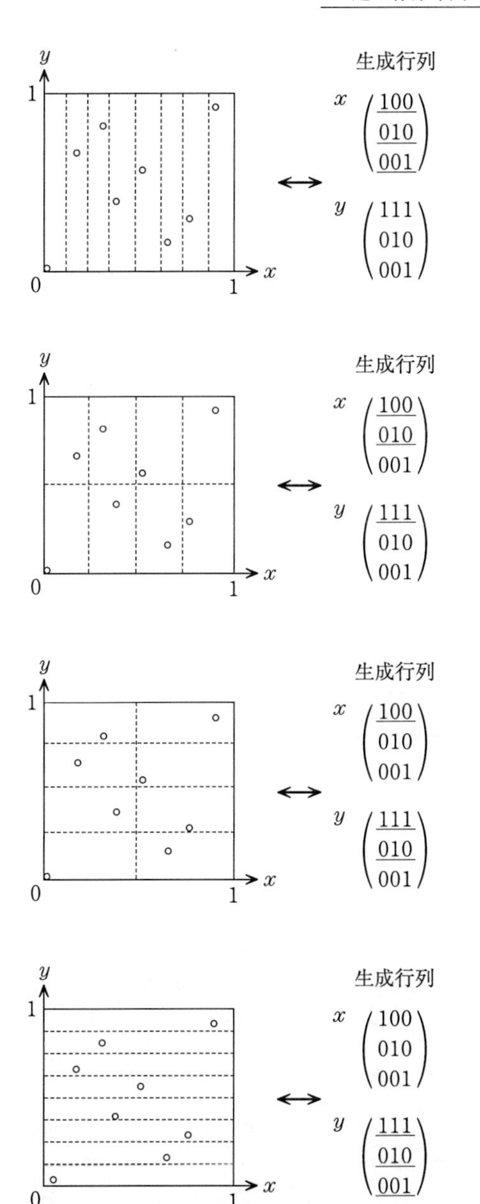

図 4 2 次元 Sobol' 列の例. $m=3$ の場合には $(s_1, s_2)=(3,0)$, $(2,1), (1,2), (0,3)$ の 4 通りの等分割を考える必要がある.

$X_0, X_1, \cdots$ であり，かつすべての整数 $j \geq 0$ と $m > t$ に対して，点集合 $[X_n]_m$ $(jb^m \leq n < (j+1)b^m)$ が基底 b の (t, m, k) ネットとなるものである．ここで，$[X]_m$ は各座標ごとに b 進 m 桁までで切り捨てることを意味する． ▮

この定義から t が小さいほど一様性が高いことがわかる．つまり，$(0, k)$ 列が一様性という点ではもっとも良いことになる．また，2 次元 Sobol' 列は基底が 2 の $(0, 2)$ 列ということになる．

上で定義された (t, k) 列に対して，Niederreiter により次の定理が得られている．

定理 7（Niederreiter の定理）　任意の $N > 1$ に対して，基底 b の (t, k) 列の先頭の N 項のディスクレパンシーは

$$D_N^{(k)} \leq C(t, k, b)\frac{(\log N)^k}{N} + O\left(\frac{(\log N)^{k-1}}{N}\right)$$

となる．ここで，定数項は $C(t, k, b) \approx \dfrac{b^t}{k!}\left(\dfrac{b}{2\log b}\right)^k$ である． ▮

この定理から，定数項 $C(t, k, b)$ が次元 k のみに依存するような (t, k) 列はすべて超一様分布列となる．ここで気をつけておきたいのは，定理 7 は，超一様分布列と (t, k) 列との間の密接な関係を示しているにすぎず，そのような点列の存在および具体的な構成方法については何も述べていないことである．

一般の k 次元に対して，はじめて $(0, k)$ 列の構成法を与えたのが Faure である．彼は，基底を次元以上の素数にとり，すなわち，$b \geq k$ とし，Pascal 行列をべき乗したものを各座標の生成行列としたのである．また，計算はすべて有限体 $GF(b)$ で行うものとした．以下で，Faure 列が $(0, k)$ 列になっていることを示そう．まず，生成行列と一様性の関係を理解する必要がある．1 次元の場合，つまり van der Corput 列の一様性は，単位行列の任意の左上正方行列が常に正則になっていることに由来していることに注目したい．2 次元 Sobol' 列の場合は，単位行列の左上 $m \times m$ 行列における上から s_1 個の行ベクトル，および Pascal 行列の左上 $m \times m$ 行列における上から s_2 個の行ベクトルに注目すると，任意の $m > 0$ に対して，これら全部で $m = s_1 + s_2$ 個の行ベクトルが線形独立となっていることがわかる．そ

してそのことが，引き続く 2^m 点 $(X_{j2^m}, X_{j2^m+1}, \cdots, X_{(j+1)2^m-1})$ の各点が，2^m 等分した 2 次元部分区間にちょうど 1 点ずつ落ちている理由なのである．こういう性質が，任意の $m>0$ に対して，$s_1+s_2=m$ $(s_1, s_2 \geq 0)$ をみたすすべての場合に関して成り立つのが，単位行列と Pascal 行列という組み合わせということになるのである(図 4 参照)．

k 次元の場合について Faure が証明したことは，次で示す $m \times m$ 行列 $\mathcal{P}$

$$\mathcal{P} = \begin{pmatrix} (I)_{s_1} \\ \vdots \\ (P^{i-1})_{s_i} \\ \vdots \\ (P^{k-1})_{s_k} \end{pmatrix} \tag{9}$$

の行列式が $\prod_{1 \leq i < j \leq k} (i-j)^{s_i s_j}$ を定数倍したものに等しいということ，および，この行列式が，$s_1+\cdots+s_k=m$ $(s_1, \cdots, s_k \geq 0)$ をみたすすべての場合に $GF(b)$ でゼロにならないということである．ここで，$(A)_s$ は行列 A の左上 $s \times m$ 行列を表わしている．このことから，Faure 列は $(0, k)$ 列になることが証明できる．ちなみに，行列 $\mathcal{P}$ は一般化 Van der Monde 行列とよばれている．

(a) 一般化 Niederreiter 列

一般の k 次元に対して，非常に包括的な生成行列の与え方がすでに得られているのでそれを紹介しよう．そうして得られる超一様分布列は，一般化 Niederreiter 列とよばれている．アプローチは有限体上の形式的 Laurent 級数展開を用いるものである．以下 b を素数冪とする．$GF(b)$ 上の Laurent 級数を

$$S(z) = \sum_{j=w}^{\infty} g_j z^{-j}$$

と表わすことにする．ここですべての g_j は $GF(b)$ の要素で，w は任意の整数である．以下，次のような記号を用いることにする．$[S(z)]$ は $S(z)$ の多項式部分を意味し，$[S(z)]_{p(z)} \equiv [S(z)] \pmod{p(z)}$ と定義する．ここで $0 \leq \deg([S(z)]_{p(z)}) < \deg(p(z))$ とし，$p_1(z), \cdots, p_k(z)$ は，$GF(b)$ 上の多項

式でどの2つも互いに素とする．また，$1 \leq i \leq k$ に対して，$e_i = \deg(p_i) \geq 1$ とおく．さらに，$1 \leq m$, $1 \leq i \leq k$ および $j \geq 1$ に対して，Laurent 級数展開を

$$\frac{y_{im}(z)}{p_i(z)^j} = \sum_{r=w}^{\infty} g^{(i)}(j, m, r) z^{-r} \tag{10}$$

とすれば，これによって，係数 $g^{(i)}(j, m, r) \in GF(b)$ は決定される．ここで，$w \leq 0$ は i, j, m に依存することに注意したい．また，$y_{im}(z)$ のおのおのは剰余多項式 $y_{im}(z) \pmod{p_i(z)}$, $(j-1)e_i \leq m-1 < je_i$ が任意の $j \geq 1$ と $1 \leq i \leq k$ に対して，$GF(b)$ 上線形独立となるような多項式であると仮定する．

以上の準備のもとに，生成行列 $C^{(i)} = (c_{mr}^{(i)})$, $1 \leq i \leq k$ の要素を，$m \geq 1$, $r \geq 1$ に対して，

$$c_{mr}^{(i)} = g^{(i)}(m_i + 1, m, r)$$

と定義することにする．ここで，$m_i = [(m-1)/e_i]$（[ ] はガウス記号）．つまり式(10)で得られる Laurent 級数展開の係数を生成行列の「行方向」に並べていくのである．こうして得られる点列に関して，次の定理が成り立つことが Tezuka により示された．

定理 8 $t = \sum_{i=1}^{k} (e_i - 1)$ とおく．ここで $e_i = \deg(p_i)$, $1 \leq i \leq k$．そのとき，基底が b の一般化 Niederreiter 列は基底が b の (t, k) 列となる．つまり，その先頭 N 点のディスクレパンシーは，すべての $N > 1$ に対して，

$$D_N^{(k)} \leq C(t, k, b) \frac{(\log N)^k}{N} + O\left(\frac{(\log N)^{k-1}}{N} \right)$$

をみたす．ここで，$C(t, k, b)$ は定理 7 の場合と同一である．∎

また，従来から知られている種々の超一様分布列との関係は次のようになることがわかる．

系 1 van der Corput 列は $b=2$ で，かつ $p(z)=z$，すべての $y_{im}(z)=1$ とした場合に一致する．∎

系 2 k 次元 Sobol' 列は $b=2$ で，かつ $p_1(z)=z$ で，$p_i(z)$, $2 \leq i \leq k$ が第 $i-1$ 番目に次数の小さい原始多項式，そして $y_{im}(z) = y_{ih}(z)$ とした場合に一致する．ここで $h = (m - 1 \pmod{e_i}) + 1$ であり，$\deg(y_{ih}) = e_i - h$

をみたすとする. ▌

系 3 k 次元 Faure 列は $b \geq k$ が素数で, $p_i(z) = z - i + 1$ $(1 \leq i \leq k)$, およびすべての $y_{im}(z) = 1$ とした場合に一致している. ▌

ここで, 定数項 $C(t,k,b)$ について少し考えよう. t は小さいほど (t,k) 列の一様性が高くなるわけだから, t のとり得る最小値を $T_b(k)$ で表わせば, それは, $p_1(z),\cdots,p_k(z)$ を次数の小さい順に $GF(b)$ 上のモニックな既約多項式を選んだときに実現できる. したがって, そのような $p_1(z),\cdots,p_k(z)$ に対して,

$$T_b(k) = \sum_{i=1}^{k} (\deg(p_i) - 1)$$

となることは明らかである. そのとき $k > b$ に対して, $T_b(k) < k(\log_b k + \log_b \log_b k + 1)$ が成り立つことから,

$$C(T_b(k), k, b) \approx b^{k \log\log k}$$

となる. $b = 2$ の場合が Sobol' 列に対応している. これは Halton 列の場合($C(b_1,\cdots,b_k) \approx 2^{k \log k}$)と比べると, 漸近的に少し改良されている.

また $k \leq b$ のときは, $T_b(k) = 0$ が成り立つので,

$$C(T_b(k), k, b) \approx \frac{1}{k!}\left(\frac{k}{2\log k}\right)^k$$

となる. この意味は $k \to \infty$ とすると $C(T_b(k), k, b)$ も 0 に近づくということである. これは Halton 列や Sobol' 列と比べれば, 格段の改良である. ただし, k が大きいと b もまた大きくなるということは見逃せない. ところが最近, Atanassov が, Halton 列でも $\lim_{k\to\infty} C(b_1,\cdots,b_k) = 0$ が証明できることを示して大きな話題になった. その意味するところは, 定数項 C の解釈というのは, 数列自体の性質というより証明方法の違いを議論している可能性があるということである.

上に述べた構成法は, 有限体上の有理関数体に基づくものであるが, 1996 年, Niederreiter と Xing は, それを有限体上の代数関数体 $K/GF(b)$ に拡張し, 新しい (t,k) 列を構成した. 彼らは, 代数関数体の種数が大きくなると, 有理点(次数 1 の点)が多くとれる($O(g)$ ぐらい存在する)ことから, 次元 k に対して, $t = O(k)$ とできることを示した. つまり $C(k,k,2) = O(2^k/k^k)$

となるのである．この結果は，現在知られている超一様分布列の中で最良である．また，符号理論における Goppa 符号などの代数曲線符号の構成などとも深く関連するため，理論的にも興味深い．ただ，この研究方向は，超一様分布列のディスクレパンシーの上界評価における主要項に含まれる定数のみを考えているため，サンプル数 N が次元 k に比べて非常に大きい場合にのみ意味がある．

現実の応用においては，たとえば，2 章の終わりに示した MBS の場合では $N=5000$, $k=360$ となっており，N が k に比べて圧倒的に大きいとはいえない．したがって，積分誤差の見積りをサンプル数 N および次元 k の両方に関して明示的に求めなければならず，定数項 C の評価だけでは不十分である．ちなみに，彼らの構成法において，種数 $g(K/GF(b))$ を 0 とした場合(有理関数体)は，一般化 Niederreiter 列に一致することがいえる．さらに，1 つ注意しておきたいことは，Niederreiter–Xing 列では，種数が 1 以上のときは，$(0,k)$ 列を構成することができないという点である．つまり，$(0,k)$ 列の構成という立場でいえば，種数 0 の場合に相当する一般化 Niederreiter 列で十分なのである．

(b) Halton 列の多項式版

この項では，Halton 列の多項式版を定義し，そのディスクレパンシーを考えることにする．結果として，それが一般化 Niederreiter 列の特殊な部分集合になることを示す．自明なことだが，オリジナルの Halton 列は各座標ごとに異なる基底を用いているので，一般化 Niederreiter 列には含まれない．そのため，そのディスクレパンシーの解析は (t,k) 列を通して行うことができず，別の方法(中国人剰余定理)が用いられた．ところが面白いことに，Halton 列の多項式版の場合は，以下に示すように (t,k) 列を通して解析することができるのである．

まず，van der Corput 列の多項式版を考える必要がある．そのためには $GF(b)$ 上の多項式に関する基底逆関数を定義しなければならない．以下，b は素数冪とする．

定義 14 n を非負整数とし，その b 進展開を $n=a_0+a_1b+\cdots+a_mb^m$

とする．ここで，$m=[\log_b n]$ とおく．また $v_n(z)=n_m z^m+\cdots+n_1 z+n_0$ と書くことにする．ここで，$n_i=\psi_i(a_i)$, $i=0,1,\cdots,m$ であり，全単射 ψ_j : $\{0,1,\cdots,b-1\}\to GF(b)$, $j=0,1,\cdots$ はすべての十分大きな j に対して，$\psi_j(0)=0$ とする．そのとき，$p(z)$ を $GF(b)$ 上の任意の非定数多項式とすると，$v_n(z)$ は $p(z)$ に関して次のように書ける．

$$v_n(z)=r_d(z)p(z)^d+\cdots+r_1(z)p(z)+r_0(z)$$

ここで，$e=\deg(p)$ および $d=[m/e]$ である．また $r_i(z)\equiv[v_n(z)/p(z)^i]$ $(\mathrm{mod}\ p(z))$, $0\le i\le d$ とおく．ここで，すべての $0\le i\le d$ について $e>\deg(r_i)$ となることに注意する．以上の準備のもとに，基底逆関数 $\phi_{p(z)}$ を $GF(b)$ 上の多項式から $GF(b)$ 上の Laurent 級数への写像として

$$\phi_{p(z)}(v_n(z))=\frac{r_0(z)}{p(z)}+\cdots+\frac{r_{d-1}(z)}{p(z)^d}+\frac{r_d(z)}{p(z)^{d+1}}$$

と定義する． ▌

$\phi_{p(z)}(v_n(z))$ の簡単な例をあげよう．以下，すべての j について $\psi_j(0)=0$ かつ $\psi_j(1)=1$ とする．

例 3 $p(z)=z$ を $GF(2)$ 上の多項式とする．そのとき，$n=0,1,\cdots,7$ に対して，

$$\begin{array}{ll}
v_0(z)=0, & \phi_z(v_0(z))=0\\
v_1(z)=1, & \phi_z(v_1(z))=z^{-1}\\
v_2(z)=z, & \phi_z(v_2(z))=z^{-2}\\
v_3(z)=z+1, & \phi_z(v_3(z))=z^{-1}+z^{-2}\\
v_4(z)=z^2, & \phi_z(v_4(z))=z^{-3}\\
v_5(z)=z^2+1, & \phi_z(v_5(z))=z^{-1}+z^{-3}\\
v_6(z)=z^2+z, & \phi_z(v_6(z))=z^{-2}+z^{-3}\\
v_7(z)=z^2+z+1, & \phi_z(v_7(z))=z^{-1}+z^{-2}+z^{-3}
\end{array}$$

となる． ▌

例 4 $p(z)=z+1$ を $GF(2)$ 上の多項式とする．そのとき，$n=0,1,\cdots,7$ に対して，

$$
\begin{aligned}
\phi_{z+1}(v_0(z)) &= 0\\
\phi_{z+1}(v_1(z)) &= (z+1)^{-1} = z^{-1} + z^{-2} + \cdots\\
\phi_{z+1}(v_2(z)) &= (z+1)^{-1} + (z+1)^{-2} = z^{-1} + z^{-3} + \cdots\\
\phi_{z+1}(v_3(z)) &= (z+1)^{-2} = z^{-2} + z^{-4} + \cdots\\
\phi_{z+1}(v_4(z)) &= (z+1)^{-1} + (z+1)^{-3} = z^{-1} + z^{-2} + z^{-5} + z^{-6} + \cdots\\
\phi_{z+1}(v_5(z)) &= (z+1)^{-3} = z^{-3} + z^{-4} + z^{-7} + z^{-8} + \cdots\\
\phi_{z+1}(v_6(z)) &= (z+1)^{-2} + (z+1)^{-3} = z^{-2} + z^{-3} + z^{-5} + z^{-6} + \cdots\\
\phi_{z+1}(v_7(z)) &= (z+1)^{-1} + (z+1)^{-2} + (z+1)^{-3}\\
&= z^{-1} + z^{-4} + z^{-5} + z^{-8} + \cdots
\end{aligned}
$$

となる. ∎

次に述べる補題は，証明は簡単だが重要である.

補題 1 $v_n(z) = n_m z^m + \cdots + n_1 z + n_0$ に対して,

$$\phi_{p(z)}(v_n(z)) = \sum_{j=0}^{m} n_j \phi_{p(z)}(z^j)$$

である. ∎

このとき,

$$\phi_{p(z)}(v_n(z)) = g_1 z^{-1} + g_2 z^{-2} + \cdots$$

とおけば，上の補題より，任意の $l \geq 1$ に対して $\boldsymbol{g}(l) = (g_1, g_2, \cdots, g_l)^{\mathrm{T}}$ は $\boldsymbol{n}(l) = (n_0, n_1, \cdots, n_{l-1})^{\mathrm{T}}$ の線形変換，すなわち，$GF(b)$ 上の $l \times l$ 行列 C_l を用いて,

$$\boldsymbol{g}(l) = C_l\, \boldsymbol{n}(l)$$

と表わせることがわかる．ここで，注意すべきことは $\phi_{p(z)}(z^j)$ の Laurent 級数展開の係数が行列 C_l の「列方向」に並んでいる点である．さらに，次の補題は重要である.

補題 2 C_l は，すべての $l \geq 1$ に対して，対称行列となる. ∎

例 4 に引き続いて具体例を示そう．行列 C_8 は点列 $\phi_{z+1}(v_n(z))$, $n=0, 1, \cdots, 2^8-1$ に対して

$$C_8 = \begin{pmatrix} 1 & 1 & 1 & 1 & 1 & 1 & 1 & 1 \\ 1 & 0 & 1 & 0 & 1 & 0 & 1 & 0 \\ 1 & 1 & 0 & 0 & 1 & 1 & 0 & 0 \\ 1 & 0 & 0 & 0 & 1 & 0 & 0 & 0 \\ 1 & 1 & 1 & 1 & 0 & 0 & 0 & 0 \\ 1 & 0 & 1 & 0 & 0 & 0 & 0 & 0 \\ 1 & 1 & 0 & 0 & 0 & 0 & 0 & 0 \\ 1 & 0 & 0 & 0 & 0 & 0 & 0 & 0 \end{pmatrix}$$

と表わされる．確かにこれは対称になっていることがわかる．

さていよいよ Halton 列の多項式版を定義しよう．

定義 15　有限体上の多項式に基づく Halton 列，X_n, $n=0,1,\cdots$ を次のように定義する．$p_1(z),\cdots,p_k(z)$ をどの 2 つも互いに素な $GF(b)$ 上の多項式とする．そのとき，$n=0,1,2,\cdots$ に対して，

$$X_n = (\sigma_1(\phi_{p_1(z)}(v_n(z))),\cdots,\sigma_k(\phi_{p_k(z)}(v_n(z))))$$

と定義する．ここで，それぞれの σ_i, $i=1,\cdots,k$ は $GF(b)$ 上の Laurent 級数から実数への写像とし，$\sigma_i\left(\sum_{j=w}^{\infty} g_j z^{-j}\right) = \sum_{j=w}^{\infty} \lambda_{ij}(g_j)b^{-j}$ と定義する．また，全単射 $\lambda_{ij} : GF(b) \to \{0,1,\cdots,b-1\}$, $1 \leq i \leq k$ かつ $j=1,2,\cdots$ は，すべての十分大きな j と任意の i に対して，$\lambda_{ij}(0)=0$ とする．■

例 3 および例 4 を用いて，$GF(2)$ 上の場合で 2 次元の点列

$$X_n = (\sigma(\phi_z(v_n(z))),\sigma(\phi_{z+1}(v_n(z)))), \quad n=0,1,\cdots,7$$

を考えよう．すべての i,j について $\lambda_{ij}(0)=0$ かつ $\lambda_{ij}(1)=1$ とすると，

$$X_0 = (0,0)$$

$$X_1 = \left(\frac{1}{2},1\right)$$

$$X_2 = \left(\frac{1}{4},\frac{2}{3}\right)$$

$$X_3 = \left(\frac{3}{4},\frac{1}{3}\right)$$

$$X_4 = \left(\frac{1}{8},\frac{4}{5}\right)$$

$$X_5 = \left(\frac{5}{8}, \frac{1}{5}\right)$$

$$X_6 = \left(\frac{3}{8}, \frac{2}{5}\right)$$

$$X_7 = \left(\frac{7}{8}, \frac{3}{5}\right)$$

となる．ここで気がつくのは，第1座標の点列 $\sigma(\phi_z(v_n(z)))$, $n=0,1,\cdots$ が，オリジナルの van der Corput 列に一致していることである．

補題2で述べたように Halton 列の多項式版は生成行列が対称になることから，「行方向」と「列方向」の入れ替えがきくことになり，結局，Tezuka により次の定理が得られた．

定理 9 Halton 列の多項式版は，一般化 Niederreiter 列の生成行列が対称となるような特殊な部分集合を構成する． ▎

したがって，Halton 列の多項式版に対して定理8が適用できるのである．

5 ランダマイゼーションの導入

本章では，$(0,k)$ 列に関する最近の成果について紹介したい．その主要なアイデアは，$(0,k)$ 列構築に必要となるパラメーターを選択するにあたってランダマイゼーションを導入するというものである．そもそも，超一様分布列の考え方は，確率的手法であるモンテカルロ法に不可欠な「乱数」を使うのをやめ，その代わりに純粋に決定論的な数列を用い，誤差評価もなんら確率的な考えなしに導こうというものであった．したがって，モンテカルロ法からランダム性を抜き去った(デランダマイズした)ものとよべるのが，この超一様分布列を用いる方法である．そのため，ここで再び「ランダマイゼーション」というとまた逆戻りするようないささか奇妙な印象を受けるが，実際にはまったく異なるものが得られるのである．この考え方の利点は次のとおりである．

- **収束の高速化** Halton 列，Faure 列，Sobol' 列といった従来の超一様分布列を一般化することで得られた広いクラスの中から「ランダムに」サンプルした超一様分布列は，実際の応用において，従来のものより収束が著しく高速化する．
- **誤差評価** 従来の超一様分布列ではパラメーター選択の自由度がなかったため，誤差評価は Koksma-Hlawka の定理に依存していた．それがもっと広いクラスの超一様分布列が構成されたことによりパラメーター選択の自由度が生じ，そこにランダマイゼーションを導入することで従来よりも現実的な(確率的)誤差評価が可能になる．

第 1 点に関連して興味深いのは，Roth が L_2-ディスクレパンシーの最適な上界を証明する際，ランダムな「シフト」を導入することで従来の上界を改善したことである．ランダマイゼーションが超一様分布列のもつある種の規則性を改善して，さらにその一様性を高めることに役立っていると考えられる．第 2 点については，Koksma-Hlawka の定理による漸近的な誤差評価が現実的なサイズのサンプルに対しては無力であったという事実を思い起こしたい．ランダマイゼーションの導入によって，確率的ではあるが実用に耐える誤差評価が手に入るようになったことは重要である．

ここでは，まず初めに Owen が 1994 年に提案した $(0,k)$ 列のスクランブリングとその理論的成果について紹介し，さらに，一般化 Niederreiter 列から得られる $(0,k)$ 列が Faure 列を拡張したものになっていることを述べ，その拡張されたクラスから，$(0,k)$ 列をランダムに選ぶことが Owen のランダムスクランブリングを実現していることを示す．

5.1 Owen のスクランブリング

Owen のスクランブリングとは次のような方法である．k 次元の N 点集合を $X_n=(x_n^{(1)},\cdots,x_n^{(k)})$, $n=0,1,\cdots,N-1$ と表わす．第 i 座標 $(1\le i\le k)$ の b 進展開を

$$x_n^{(i)}=\frac{x_{n,1}^{(i)}}{b}+\frac{x_{n,2}^{(i)}}{b^2}+\cdots$$

と書くことにすると，スクランブルによって得られる新しい座標

$$y_n^{(i)} = \frac{y_{n,1}^{(i)}}{b} + \frac{y_{n,2}^{(i)}}{b^2} + \cdots$$

の各ディジットは，

$$y_{n,h}^{(i)} = \pi^{(i)}_{x_{n,1}^{(i)},\cdots,x_{n,h-1}^{(i)}}(x_{n,h}^{(i)})$$

のように定義される．ここで，$\pi^{(i)}_{x_{n,1}^{(i)},\cdots,x_{n,h-1}^{(i)}}$ は $\{0,1,\cdots,b-1\}$ 上での順列(置換)であり，第 i 座標と先頭 $h-1$ 桁 $x_{n,1}^{(i)},\cdots,x_{n,h-1}^{(i)}$ に依存して決まるものとする．以下，順列 $\pi^{(i)}_{x_{n,1}^{(i)},\cdots,x_{n,h-1}^{(i)}}$ をランダムに選ぶことをランダムスクランブルとよぶことにする．すると，ランダムスクランブリングによる積分推定値は不偏量となることがいえる．さらに，Owen は次の定理を証明した．

定理 10(Owen の定理)　被積分関数の 1 階混合偏微分が次の Lipschitz 条件をみたすとする．

$$\left|\frac{\partial^k f(\boldsymbol{x})}{\partial x_1\cdots\partial x_k} - \frac{\partial^k f(\boldsymbol{x}^*)}{\partial x_1\cdots\partial x_k}\right| \le B||\boldsymbol{x}-\boldsymbol{x}^*||^\beta$$

ここで，$B \ge 0$ かつ $0 < \beta \le 1$ とする．その時，ランダムスクランブルを施した基底 b の $(0,m,k)$ ネットに対して得られる積分推定値の分散は，$N = b^m$ と書くことにすると

$$O\left(\frac{(\log N)^{k-1}}{N^3}\right)$$

となる．∎

モンテカルロ法の分散は $O(1/N)$ なので，この結果はすばらしく良いことになる．また別の見方をすると，スクランブルした $(0,m,k)$ ネットのなかには，積分誤差を非常に小さくするものが少なくとも 1 つは存在するということをこの定理は示している．

以下，簡単に証明のアイデアのみ紹介しよう．まず，被積分関数 $f(x_1,\cdots,x_k)$ の ANOVA(analysis of variance)分解を考える．ANOVA 分解とは次のように定義される．$u \subseteq \{1,2,\cdots,k\}$ を座標の添え字の部分集合として，$\bar{u} = \{1,2,\cdots,k\} - u$ を補集合とする．また $X = \{x_1,\cdots,x_k\}$ であり，

$X^u = \{x_i, i \in u\}$ である．そのとき $f(\boldsymbol{x})$ の ANOVA 分解とは

$$f(\boldsymbol{x}) = \sum_{u \subseteq \{1,2,\cdots,k\}} \alpha_u(\boldsymbol{x})$$

であり，$\alpha_u(\boldsymbol{x})$ は次のように定義される．

$$\alpha_{\emptyset}(\boldsymbol{x}) := \int_{[0,1]^k} f(\boldsymbol{z}) d\boldsymbol{z} = I(f)$$

で，

$$\alpha_u(\boldsymbol{x}) := \int_{Z^u = X^u, Z^{\bar{u}} \in [0,1)^{\bar{u}}} \left(f(\boldsymbol{z}) - \sum_{v \subset u} \alpha_v(\boldsymbol{z}) \right) \prod_{i \in \bar{u}} dz_i$$

である．各 $\alpha_u(\boldsymbol{x})$ が意味するのは，部分集合 X^u が $f(\boldsymbol{x})$ に対して与える影響のうち X^u の真部分集合の影響分を引き去ったものである．これらの関数 $\alpha_u(\boldsymbol{x})$ には次のような直交性がある．

- $i \in u$ とし，x_i 以外のすべての変数 x_j $(j \neq i)$ を固定すると

$$\int_0^1 \alpha_u(\boldsymbol{x}) dx_i = 0$$

　したがって，$u \neq \emptyset$ の時，

$$\int \alpha_u(\boldsymbol{x}) d\boldsymbol{x} = 0$$

- $u \neq v$ の時，

$$\int \alpha_u(\boldsymbol{x}) \alpha_v(\boldsymbol{x}) d\boldsymbol{x} = 0$$

　となる．このことから $f(\boldsymbol{x})$ の分散は

$$\sigma^2 = \int (f(\boldsymbol{x}) - \alpha_{\emptyset}(\boldsymbol{x}))^2 d\boldsymbol{x} = \sum_{|u|>0} \sigma_u^2 \tag{11}$$

　と書ける．ここで，$\sigma_u^2 := \int \alpha_u(\boldsymbol{x})^2 d\boldsymbol{x}$.

つまり，$f(\boldsymbol{x})$ の分散は，各 $\alpha_u(\boldsymbol{x})$ の分散の和になっている．

さらに，各項 $\alpha_u(\boldsymbol{x})$ を k 次元 b 進 Haar 展開したものを

$$\alpha_u(\boldsymbol{x}) = \sum_h \nu_{u,h}(\boldsymbol{x})$$

と書くことにする．ここで，$h = (h_1, \cdots, h_k)$ であり，$\nu_{u,h}(\boldsymbol{x})$ は基本区間

$$\prod_{i\in u}\left[\frac{j_i}{b^{h_i+1}},\frac{j_i+1}{b^{h_i+1}}\right)\times\prod_{i\notin u}[0,1)$$

$(0\leq j_i<b^{h_i+1})$ において定数となるような関数である．

以上の準備のもと，Owen により次の重要な補題が導かれた．

補題 3 k 次元単位立方体内の任意の N 点集合 $X_n=(X_n^{(1)},\cdots,X_n^{(k)})$, $n=0,1,\cdots,N-1$ にランダムスクランブルを施して得られる積分推定値の分散は

$$\frac{1}{N}\sum_{|u|\neq 0}\sum_{h}\Gamma_{u,h}\sigma_{u,h}^2$$

となる．ここで，$\sigma_{u,h}^2=\int\nu_{u,h}^2(\boldsymbol{x})d\boldsymbol{x}$ であり，

$$\Gamma_{u,h}=\frac{1}{N(b-1)^{|u|}}\sum_{n=0}^{N-1}\sum_{m=0}^{N-1}\prod_{i\in u}(b1_{[b^{h_i+1}X_n^{(i)}]=[b^{h_i+1}X_m^{(i)}]}$$
$$-1_{[b^{h_i}X_n^{(i)}]=[b^{h_i}X_m^{(i)}]})$$

である． ∎

$\Gamma_{u,h}$ の定義で重要なのは，この量がスクランブルする前のもとの N 点集合 X_n, $n=0,\cdots,N-1$ の性質で決まることである．よって，点列として $(0,k)$ 列を用いると $|u|$ と $|h|$ の小さい時には $\Gamma_{u,h}=0$ となり，また，$f(\boldsymbol{x})$ が滑らかであることを仮定すれば，Haar 展開における $|h|$ の大きい $\sigma_{u,h}^2$ を無視できるくらい小さく($O(N^{-2})$ 程度に)抑えることができるので，定理 10 が得られる．$\Gamma_{u,h}$ の形が $(0,k)$ 列の構造とうまくマッチしたことが，収束の改善に寄与しているのである．

5.2 一般化 Faure 列

一様性という点では $(0,k)$ 列がもっとも優れていることは，前にも述べたとおりである．ここでは，一般化 Niederreiter 列から得られる $(0,k)$ 列が，オリジナルの Faure 列を一般化したものになっていることを示す．その後，一般化 Faure 列が先に述べた Owen のスクランブリングを実現したものになっていることも述べる．

次の結果は，先に得られた一般化 Niederreiter 列に関する定理 8 から導

ける．

系 4 もし $b \geq k$ なら，素数冪基底 b の $(0,k)$ 列は一般化 Niederreiter 列において，$p_i(z) = z - b_i, 1 \leq i \leq k$ とおけば得られる．ここで，$b_1, \cdots, b_k$ は $GF(b)$ の相異なる要素であるとする． ▌

ここで，一般化 Faure 列を次のように定義しよう．

定義 16 基底 $b \geq k$ を素数とする．各座標の生成行列 $C^{(i)}$, $1 \leq i \leq k$ を

$$C^{(i)} = A^{(i)} P^{i-1}$$

のように決める．ここで，$A^{(i)}$, $1 \leq i \leq k$ は $GF(b)$ 上の正則な下三角行列とする．このとき得られる列を一般化 Faure 列とよぶ． ▌

オリジナルの Faure 列がすべての $1 \leq i \leq k$ について，$A^{(i)} = I$ とした場合に対応していることは容易にわかる．さて，そのとき次の定理が導かれる．

定理 11 一般化 Faure 列は基底 $b\ (\geq k)$ を素数としたときの一般化 Niederreiter 列から得られる $(0,k)$ 列に一致する． ▌

一般化 Faure 列の本質を理解する上で必要となるので，証明の概略を紹介しよう．まず，系 4 において $b_i = i - 1$ と仮定しても一般性を失わないことに注意しよう．任意の正整数 m に対して，次のような $m \times m$ 行列

$$\mathcal{C} = \begin{pmatrix} C_{s_1}^{(1)} \\ \vdots \\ C_{s_i}^{(i)} \\ \vdots \\ C_{s_k}^{(k)} \end{pmatrix}$$

の行列式が $GF(b)$ でゼロにならないことをまず証明する．ここで，$C_{s_i}^{(i)}$ は第 i 座標の生成行列 $C^{(i)}$ の左上 $s_i \times m$ 行列を表わしている．この行列は $C_{s_i}^{(i)} = (A^{(i)})_{s_i} P^{i-1}$ と書けることは容易にわかる．また $s_1, \cdots, s_k \geq 0$ および $\sum_{i=1}^{k} s_i = m$ を仮定する．

すると定義により，$A^{(i)}$ は正則な下三角行列なので，行列 $(A^{(i)})_{s_i}$ を基本行操作のみで単位行列に変換することができる．つまり，$\mathcal{C}$ の行列式は，4 章の式(9)で現われた行列 $\mathcal{P}$ の行列式に，$GF(b)$ の非ゼロの元を掛けたものに等しくなるのである．したがって，$b \geq k$ の仮定から，$\det(\mathcal{C})$ は $GF(b)$

で非ゼロとなる．これにより，一般化 Faure 列が $(0, k)$ 列であることが導かれる．

また，

$$\frac{1}{z-i} = \sum_{j=1}^{\infty} \frac{i^{j-1}}{z^j}$$

が成り立つことから，2 項定理

$$(z+i)^n = \binom{n}{n} z^n + \cdots + \binom{n}{1} i^{n-1} z + \binom{n}{0} i^n$$

を用いて，そのべき乗を求めると，

$$\frac{1}{(z-i)^n} = \sum_{j=n}^{\infty} \frac{\binom{j-1}{n-1} i^{j-n}}{z^j}$$

が得られる．この式から Pascal 行列と Laurent 級数展開との関係が明らかになり，一般化 Faure 列が一般化 Niederreiter 列に含まれることがいえるのである．以上が証明の概略である．

さて，一般化 Faure 列に関して実際上問題になるのは，正則な下三角行列 $A^{(i)}$, $1 \leq i \leq k$ をどう選ぶかである．これに関連して理論的にエレガントな結果が得られている．

定理 12　Halton 列の多項式版から得られる素数基底 b $(\geq k)$ の $(0, k)$ 列の生成行列 $C^{(i)}$，$1 \leq i \leq k$ は

$$C^{(i)} = (P^{\mathrm{T}})^{i-1}\, P^{i-1}$$

となる．　∎

最近，Matoušek が一般化 Faure 列と Owen のスクランブリングとの密接な関係を明らかにしたので，それを以下に紹介しよう．まず，有限体 $GF(b)$ の 2 つの元 $a \neq 0$ および c を用いて，

$$\phi(x) = ax + c$$

という写像を考える．ここで，x に $GF(b)$ の元すべてをあてはめれば，$GF(b)$ 上の順列が得られる．さらに，2 つの元 $a \neq 0$ と c を等確率ランダムに選べば，$b \times (b-1)$ 通りの順列がランダムに作れることになる（順列は全部で $b!$ 通りあるが，以下の議論ではこれで十分）．同様に，$GF(b)$ の元

$a_i,\ 1 \le i \le h$（ただし，$a_h \neq 0$とする）とcを用いて，写像を

$$\phi_{x_1,\cdots,x_{h-1}}(x) = a_1x_1 + \cdots + a_{h-1}x_{h-1} + a_hx + c$$

と決めると，これは$x_1,\cdots,x_{h-1}$に依存した順列となり，Owenの順列$\pi^{(i)}_{x^{(i)}_{n,1},\cdots,x^{(i)}_{n,h-1}}$を簡略化したものとみなせる．Matoušekは，この簡略版でも定理10が成り立つことを証明した．

ここで，一般化Faure列を考えよう．以下簡単のために1次元とする．その下三角行列の第h行$(h=1,2,\cdots)$を$(a_1,a_2,\cdots,a_h,0,\cdots)$と書くと，オリジナルのFaure列の先頭$b$進$h$桁$(x_1,x_2,\cdots,x_h)$に対して，写像

$$\hat{\phi}_{x_1,\cdots,x_{h-1}}(x_h) = a_1x_1 + \cdots + a_{h-1}x_{h-1} + a_hx_h$$

を施したものが一般化Faure列の第h桁目となる．ϕと$\hat{\phi}$の違いは最後の項cのみである．したがって，一般化Faure列にランダムベクトルを加算すれば，Owenのスクランブリングの簡略版になる．ここでいう「加算」とは，一般化Faure列を[0,1]内の実数に変換する前の$GF(b)$上のベクトル列としてみた時の加算である．つまり，基底bの一般化Faure列$\hat{Y}_n,\ n=0,1,2,\cdots$を

$$\hat{Y}_n = \frac{\hat{y}_{n,1}}{b} + \frac{\hat{y}_{n,2}}{b^2} + \cdots$$

と書き，ランダムベクトル$(c_1,c_2,\cdots)$を加算したものを$y_{n,j} \equiv \hat{y}_{n,j} + c_j \pmod{b},\ j=1,2,\cdots$と表わすと，

$$Y_n = \frac{y_{n,1}}{b} + \frac{y_{n,2}}{b^2} + \cdots$$

のようにして得られる列$Y_n,\ n=0,1,2,\cdots$が，オリジナルのFaure列にOwenのスクランブリングの簡略版を施したものになるのである．したがって，定理10の結果が列$Y_n,\ n=0,1,2,\cdots$に対して成立することになる．

6　今後の展望——広がる応用と深まる理論

前章で述べたように，Owenの定理10は，ある種の滑らかさをもった関

数の積分に対して，ランダムに選んだ一般化 Faure 列が非常に有効であることを理論的に保証している．しかし，それは漸近的な保証にすぎない．つまり，サンプル数 N が次元 k に比べて十分大きい場合の議論である．ところが，2 章の終わりに示した MBS の例では $N \leq 5000$ かつ $k=360$ であり，サンプル数が次元より十分大きいとは決していえない．この「少ない数のサンプルでの高速化」という結果は，金融工学の現場において大きなインパクトを与えただけではなく，多くの優れた理論家たちの興味をも引きつけている．どう考えても，デリバティブ価格計算に現われる被積分関数は，かなり特殊な関数のはずである．この謎を解明すべくいくつかの考え方がここ 5, 6 年提案されてきている．そのなかの有力なものの 1 つが「実効次元」という考え方である．たとえば式(3)をよく見ると，変数 r_i のなかでも添え字の小さい変数ほど被積分関数に対して重要な役割をしていることがわかる．つまり，この積分は見かけの次元は 360 でも，実効次元が非常に小さいために積分計算が高速にできたと考えられる．一般的には，被積分関数の ANOVA 分解(式(11)参照)を用いて，次のような定義が提案されている．

- 切り捨てに基づく実効次元

$$D_t := \arg\min_k \sum_{u\subseteq\{1,2,\cdots,k\}} \sigma_u^2 \geq 0.99\sigma^2$$

- 上重ねに基づく実行次元

$$D_s := \arg\min_k \sum_{0<|u|\leq k} \sigma_u^2 \geq 0.99\sigma^2$$

ここで，0.99 という数字そのものには深い意味はなく，1 に近い実数であればなんでもよい．

実際いくつかの応用問題に対しては，超一様分布列の有効性がここで定義された実効次元の大きさによって変わってくることがすでに報告されている．しかし，この定義では実効次元と積分誤差との関係が不明であり，まだまだ課題が多い．現時点では，すべてをうまく説明できる「実効次元」の数学的定義はまだないが，研究は非常に活発に続けられている．

Sloan と Woźniakowski は，「実効次元」とは異なるアプローチで先に述べた謎の解明に取り組んでいる．そこで重要な役割を果たすのが「重み付きディスクレパンシー」という考え方である．簡単にいえば，各変数の被積分関数に対する貢献度が異なっているような場合を考え，そのような問題のクラスに対して 3.3 節(b)項に述べたような手法を使って，Koksma-Hlawka の定理をより実際的なものにしていくのである．最近，彼らは，そのような問題のクラスではある条件のもとで，サンプル数 $N < c\,\varepsilon^{-1}$ となるようなアルゴリズムが存在することを証明した．この結果は次元 k に依存しないところが画期的である．またモンテカルロ法よりはるかに高速であることもすばらしい．ただ，先に述べたような金融工学の問題が，そこで定義されたクラスに含まれるかどうかがわかっていない．さらなる研究が現在進行中である．

数学的には，ディスクレパンシーに関連した下界を求める問題が奥深くむずかしいとされている．3.2 節で述べた Great Open Problem が代表例である．そのほか，離散アルゴリズムに関連して「組み合わせディスクレパンシー」とよばれる概念が定義され，次に述べる「幾何ディスクレパンシー」との関係なども研究されている．

幾何ディスクレパンシーでは，ディスクレパンシーのオリジナルな定義が部分区間を軸平行な直方体のみに限っていたのに対し，それをもっと一般化して直方体を回転したものを含めたり，また直方体のみでなくもっと一般に凸多面体まで含めたりすることでディスクレパンシーを定義している．その場合のディスクレパンシーの上界，下界を求める研究も行われている．いずれの場合も，回転まで許すとディスクレパンシー(の下界)は大きくなる．任意の凸多面体の場合は，古くから研究がなされていて，Schmidt の下界 $\Omega(N^{-2/(k+1)})$ が知られている．

組み合わせディスクレパンシーはディスクレパンシーの定義を非常に抽象化したものである．X を有限集合，S をその部分集合族として，写像 $\chi : X \to \{-1, 1\}$ を考える．そのとき S の組み合わせディスクレパンシーは

$$\mathrm{Disc}(S) := \min_{\chi} \max_{A \in S} |\chi(A)|$$

と定義される．ここで，$\chi(A) = \sum_{x \in A} \chi(x)$ である．下に (X, S) の具体例を 2 つあげておこう．

例 5　グラフ (V, E) を考える．ここで V は集合 X に対応し，S の要素 $N(v)$, $v \in V$ はノード v に隣接するノードの集合である．これにより定義される Disc(S) は，グラフ彩色問題と密接に関連することが知られている． ▮

例 6　整数の集合 $X = \{1, 2, \cdots, n\}$ を考え，S を a と b を任意の整数とした時の部分集合 $\{a, a+b, a+2b, \cdots\} \cap X$ の族とする．この場合の Disc(S) は，整数論で有名な Van der Waerden の定理に深く関係している． ▮

また組み合わせディスクレパンシーの下界評価はラムゼー理論と結びつくことも最近わかってきた．

第II部では，超一様分布列を用いた高次元積分がモンテカルロ法よりいかにすぐれているかについて述べたが，偏微分方程式の解法として使われるモンテカルロ法についても超一様分布列を用いた高速化の研究が行われている．この場合のモンテカルロ法は，通常ランダムウォークに基づいたアルゴリズムになるため，積分としてそのまま表現すると無限次元積分ということになるが，工夫の仕方によってはかなりの効果をあげられることが最近 Lecot らによって示された．

また，コンピューター・グラフィックスの分野では，レンダリングにおけるモンテカルロ計算を高速化するために，超一様分布列が応用されている．さらに人工知能の分野では，ベイジアンネットワークでの確率推定を超一様分布列により高速化するという研究も最近報告されている．科学技術計算の分野ではモンテカルロ法の応用は非常に多岐にわたっているが，そこで共通する悩みは「収束の遅さ」である．現在，これら金融以外のさまざまな応用分野でも超一様分布列による高速化の研究が進められている．

参考文献

• 第 2 章の金融工学については，

大野克人(1997): 金融常識革命，金融財政事情研究会.

に金融工学の本質が平易に述べられている．また，モンテカルロ法との関連では

森平爽一郎，小島裕(1997): コンピュテーショナル・ファイナンス．朝倉書店.

湯前祥二，鈴木輝好(2000): モンテカルロ法の金融工学への応用．朝倉書店.

今野浩(2000): 金融工学の挑戦．中公新書.

手塚集(2002): ウォール街を動かすソフトウェア．岩波科学ライブラリー.

Jäckel, P. (2002): Monte Carlo Methods in Finance. John Wiley and Sons.

などを参照されたい．

• 第 3 章の「情報に基づく複雑性理論」については，

Traub, J. F. and Werschulz, A. G. (手塚集(訳))(2000): 複雑性と情報——金融工学との接点．共立出版.

また，ディスクレパンシーに関して最近出版されたすぐれた参考書として

Matoušek, J. (1999): Geometric Discrepancy: An Illustrated Guide. Springer Verlag: Berlin.

Chazelle, B. (2000): The Discrepancy Method. Cambridge University Press: Cambridge.

がある．

• 第 4, 5 章で扱った超一様分布列については，

Niederreiter, H. (1992): Random Number Generation and Quasi-Monte Carlo Methods. SIAM: Philadelphia.

Tezuka, S. (1995): Uniform Random Numbers: Theory and Practice. Kluwer Academic Publishers: Boston.

手塚集(1995): 点列の discrepancy について．室田一雄(編): 離散構造とアルゴリズム IV(第 3 章)．近代科学社.

Drmota, M. and Tichy, R. F. (1997): Sequences, Discrepancies and Applications. Lecture Notes in Mathematics **1651**. Springer Verlag: Berlin.

などが参考文献としてあげられる．ここには，詳しい証明なども載っている．

• そのほか，この分野の最近の研究について知りたければ，

Hellekalek, P. and Larcher, G. (eds.)(1998): Random and Quasi-Random Point Sets. Lecture Notes in Statistics **138**. Springer Verlag: Berlin.

Fang, K.-T., Hickernell, F.J. and Niederreiter, H. (eds.)(2002): Monte Carlo and Quasi-Monte Carlo Methods 2000. Springer Verlag: Berlin.

Tezuka, S. and Faure, H. (2003): I-binomial scrambling of digital nets and sequences. *Journal of Complexity*, **19**, 744–757.

および
Monte Carlo and Quasi-Monte Carlo Methods のホームページ：
 http://www.mcqmc.org
などを参考にしていただきたい．

III

平均場近似・EM法・変分ベイズ法

樺島祥介・上田修功

目　次

1 決定論的な統計近似算法

インターネット，携帯電話など情報通信基盤の急速な普及に伴い，従来一部の研究者や実務者に限られていた大量のデータ通信が一般家庭でも日常化している．また，ゲノム情報，POSデータなど専門家が扱うデータ量も爆発的な勢いで増加している．このように，入手され得るデータ量の急激な増加に伴い，その処理に用いられる統計モデルも大規模化・複雑化している．一般に，大規模な統計モデルに基づく統計計算は計算量的に困難な問題であり，その計算コストの削減は情報化時代における統計科学の中心的研究課題であると言っても過言ではない．本章の目的は，具体例の提示によって大規模統計モデルに内在する計算量的困難性についての感覚的な理解を促すこと，およびその解決策として考案されてきた種々の決定論的統計近似算法の背景を概観することである．個々の手法の紹介は次章以降で行う．

1.1 統計モデルによる定式化

本稿で取り上げる問題を感覚的に理解してもらうために，具体例としてノイズにより劣化された画像の修復問題を考えることにしよう．

$N \times N$ の正方格子上の白黒画像を考え，格子点 (i, j) の画素値は白・黒に対応して 2 値 $x_{i,j} = \pm 1$ で表現されているとする．この値を 1 次元的に並べたベクトル $\boldsymbol{x}$ が原画像のデータである．このデータにノイズが加わり各格子点の画素値が確率的に反転したとする．このような画像の劣化はたとえば遠隔地で撮影した画像を通信路を介して送信する際などに普遍的に生じる問題である．ここでは，問題を簡単にするため劣化過程としては各格子点で画素値が独立に確率 p で反転するような 2 値対称ノイズを考える．劣化した画像データを $\boldsymbol{y}$ と表現しよう．

画像修復問題は，画像データに関する何らかの先見的な知識を用いて劣化画像から原画像を推定する問題である．たとえば，一般に画像データでは隣接する画素が同一値を取る傾向が強い．そこで，2 値画像に対する先見的知識を事前分布(prior)

$$P(\boldsymbol{x}) = \frac{\exp\Big[K \sum_{(i,j)} x_{i,j}\left(x_{i+1,j} + x_{i,j+1}\right)\Big]}{\sum_{\boldsymbol{x}} \exp\Big[K \sum_{(i,j)} x_{i,j}\left(x_{i+1,j} + x_{i,j+1}\right)\Big]} \tag{1}$$

として表現する．ただし，$K > 0$ は隣合う画素の相関の強さを表わす(ハイパー)パラメータである[*1]．

一方，画像が劣化する過程は条件付き確率

$$P(\boldsymbol{y}|\boldsymbol{x}) = \frac{\exp\Big[\sum_{(i,j)} F y_{i,j} x_{i,j}\Big]}{(2\cosh F)^{N^2}} \tag{2}$$

によって表現できる．ただし，$F = (1/2)\ln[(1-p)/p]$ であり，右辺の分母にある N^2 は格子点の個数に由来している．

式(1),(2)から，ベイズの公式に基づき劣化画像 $\boldsymbol{y}$ を得た際の原画像 $\boldsymbol{x}$ の事後分布(posterior)

$$\begin{aligned} P(\boldsymbol{x}|\boldsymbol{y}) &= \frac{P(\boldsymbol{y}|\boldsymbol{x})\,P(\boldsymbol{x})}{\sum_{\boldsymbol{x}} P(\boldsymbol{y}|\boldsymbol{x})\,P(\boldsymbol{x})} \\ &= \frac{\exp\Big[K\sum_{(i,j)} x_{i,j}\left(x_{i+1,j} + x_{i,j+1}\right) + F\sum_{(i,j)} y_{i,j}x_{i,j}\Big]}{\sum_{\boldsymbol{x}} \exp\Big[K\sum_{(i,j)} x_{i,j}\left(x_{i+1,j} + x_{i,j+1}\right) + F\sum_{(i,j)} y_{i,j}x_{i,j}\Big]} \end{aligned} \tag{3}$$

を得る．式(1),(2)による確率モデル化が正しいと仮定すると，さまざまな目的に対して劣化画像 $\boldsymbol{y}$ からの原画像 $\boldsymbol{x}$ の最適な推定法，すなわち画像修復法が導かれる．

たとえば，修復した画像が原画像と完全に一致する確率を最大化したい場合には，修復画像を

---

*1 以下 K を，$x_{i,j}$ が 1 つの「状態」「画素」を表わす場合はパラメータ，「(推定すべき)パラメータ」を表わす場合はハイパーパラメータとよぶ．

$$\hat{\boldsymbol{x}} = \operatorname*{argmax}_{\boldsymbol{x}} P(\boldsymbol{x}|\boldsymbol{y}) \tag{4}$$

とすればよい．ここで，$\operatorname*{argmax}_{\boldsymbol{x}} \cdots$ とは $\cdots$ を最大化する変数という意味である．このような推定法は，事後分布を最大化するという意味で，しばしば**最大事後確率**(maximum a posteriori probability, MAP)**推定**とよばれる．また，もし，格子点ごとに原画像と修復画像の画素値が同じになる確率を最大化することが目的の場合には，格子点ごとに

$$\hat{x}_{i,j} = \operatorname*{argmax}_{x_{i,j}} P(x_{i,j}|\boldsymbol{y}) \tag{5}$$

に従って，修復画像の画素値を割り当てるのが最適な方法である．ただし，

$$P(x_{i,j}|\boldsymbol{y}) = \sum_{\boldsymbol{x}\backslash x_{i,j}} P(\boldsymbol{x}|\boldsymbol{y}) \tag{6}$$

は $\boldsymbol{x}$ の同時分布 $P(\boldsymbol{x}|\boldsymbol{y})$ を，$x_{i,j}$ 以外の変数に関して和を取った**周辺分布**(marginal distribution)を表わす．$\boldsymbol{x}\backslash x_{i,j}$ は $\boldsymbol{x}$ から要素 $x_{i,j}$ を除いた成分すべてを表わし，以後断りなく同様の表記を行う．このように，与えられた同時分布関数に対し，着目しない変数について和をとることにより，着目した変数(の組)に関する(同時)分布関数を導く操作を一般に**周辺化**(marginalization)とよぶ．式(5)は周辺化された事後確率を最大にするという意味で，MAP 推定に対比して，**周辺事後確率**(maximizer of posterior marginals, MPM)**推定**とよばれることが多い．MAP 推定，MPM 推定はそれぞれ異なる目的関数について最適な推定法であり，それらの間に優劣関係はない．ここで強調しておきたいのは，統計モデルにより定式化された問題では，さまざまな目的関数に応じた最適な推定法が事後分布から自動的に演繹されることである．

多数のパラメータが複雑に関連する情報処理の問題では，局所的な考察のみに基づいていては，その取り扱いについての方針が立ちにくい．そのため，ともすれば「ノイズを除去するためになんとなく平均をとっておこう」,「ここは大事そうだから少し重みを加えておこう」などといった，場あたり的な処理を行いがちである．個別の問題に関しては，長年にわたる研究の蓄積によって，そのような職人技的な設計法が性能の高い処理を導

くことも多い．しかしながら，そういった個別問題に過適応した設計法は，多くの場合，状況や条件の変化に弱い．また，新たな問題への迅速な対応がむずかしく，全体としての効率性を下げてしまう可能性もある．そのため，問題の特殊性に依らない部分に関しての統一的な定式化や情報処理の設計指針をもつことはやはり重要である．

一方，ここで取り上げた画像修復問題の例が示すように，統計モデルによる定式化では問題の個別性を特徴づける作業は分布という 1 つの関数の設計に委ねられる．そのため，設計指針が明確である．さらに，分布関数が与えられると，ベイズの公式に従い，与えられた情報は観測データとして，曖昧さの残る未観測情報は事後分布に従う確率変数として，それぞれ統一的に導入される．その結果，確率変数として取り入れられた曖昧さに関する期待値を評価し，目的関数を最適化することで，問題固有の特殊性に左右されない見通しの良い議論を展開することが可能となる．統計モデルという表現形式が備えるこの設計指針および議論展開の汎用性は，情報処理に関する統一的な理論体系を構築する上で都合の良いものである．

ところが，それでは統計モデルによる統一的な定式化が，現在，さまざまな情報処理を構成する上で有効に活用されているかといえば，残念ながら必ずしもそうとはいえない．実際，ここで述べた画像修復のみでなく，音声処理，またデータ圧縮や誤り診断・訂正，手書き文字認識に代表されるパターン認識など，統計モデルで定式化可能な情報処理は，要素技術からより高次の機能を担うものまで，さまざまなレベルのものがある．しかしながら，個別の問題について，統計モデルに基づく統一的な視点から記述している成書は決して多くはない．

1.2　確率的な近似法と決定論的な近似法

おそらく，その最大の要因は大規模な統計モデルが普遍的に内在する計算量的困難さにあると思われる．それを実感するためには，先程の画像修復の問題に必要な計算量を見積もってみるとよい．

たとえば，真の画像と修復画像が一致する確率を最大化することが目的で

ある場合には，MAP 推定(4)を計算することが必要となる．この例に限っていえば，画素数の多項式程度の計算量で MAP 推定量が計算できることが知られている．しかしながら，一般には，これは 2 値の状態変数 $x_{i,j}$ に関する組み合わせ最適化問題となり，厳密解を求めるためにはすべての状態を列挙する以外に汎用的な方法はない．また，画素ごとに画素値が一致する確率を最大化する MPM 推定(5)については，この例に限っても多項式程度の計算量で済むアルゴリズムは知られていない．そのため，周辺分布 $P(x_{i,j}|\boldsymbol{y})$ の計算は基本的に $x_{i,j}$ を固定した上での全状態の足し合わせ以外に汎用的方法はなく，これにも全状態列挙と同じ程度の計算量が必要となる．これは，格子点の数が増えるに従い列挙すべき状態数が指数関数的に増大し，統計モデルから示唆される最適な情報処理の実行は事実上不可能となる，ということを意味している．

つまり，統計モデルに基づく情報処理の定式化では，一般に最適な処理は統計モデルの平均量評価により構成されるが，これらの評価に必要な計算量が爆発するため，多くの場合，実現がむずかしいのである．逆の見方をすれば，それゆえ，従来の情報処理技術では，統一的な定式化を図るよりは，むしろ問題ごとの特性を活かした計算量の少ない処理設計が優先されてきたのであった．

しかしながら，最近では計算機性能の向上やアルゴリズムの進歩により，大規模な確率分布の平均量を近似的に計算する研究が急速に進展しつつある．それに伴い，統計モデルを用いた統一的な情報処理の定式化が，従来法を凌駕する例もいくつか現われている．また，計測技術やインターネットなどの発展に伴い，ゲノム情報，POS データ，計算機のログなど構造のはっきりしない大量のデータを処理する需要が急増している．このような生成過程の不明確なデータを処理する際には，指導原理を明確にするためにも，統計モデルによる統一的な定式化は不可欠であり，それらを実際的なものとする汎用的な近似法の役割はこれまで以上に重要である．

さて，これまでに知られている汎用的な近似法は確率的な近似法と決定論的な近似法の 2 種類に大別することができる．ここで，確率的な近似法とは，乱数を利用する方法で，一般にモンテカルロ法とよばれている．ある分布関数が与えられた際に，長時間経過した後での平衡分布がその分布関数に一致するような確率過程を計算機上で構成し，その時系列から算出される平均によって真の平均量を近似するマルコフ連鎖モンテカルロ(Markov chain Monte Carlo, MCMC)法は，その典型例である．MCMC 法は広い範囲の分布に対して，同一のアルゴリズムによって対応できるという汎用性に優れている一方で，良質の近似値を得るためには一般に相当な計算量が必要となるという欠点がある．

それに対し，近年与えられた分布関数を，統計計算が容易な特殊な分布族によって近似する，決定論的な統計近似算法が注目されつつある．

1.3 決定論的な統計近似算法の背景と各章の構成

大自由度の統計モデルに関する統計計算が本質的になる問題は，さまざまな分野に現われる．ただし，確率的近似法も含めて，種々の近似法はそれら個別の問題解決のために提案されてきたため，その計算技術としての共通性・普遍性が認識されはじめたのはかなり最近のことである．

著者の知る範囲で，もっとも長い歴史をもつ決定論的な近似法は，物理学で広く用いられている平均場近似である．物性論などで古くから大自由度システムに取り組んできた物理学では，多体問題を 1 体問題に近似する種々の解析手法が標準的な接近法として定着している．これは，対象となるシステムの真の物理的性質を，実験や観測など，モデル計算以外の手法により比較的精度良く入手できる，という自然科学特有の事情に依るところが大きい．とくに，物理量の評価が，ギブス-ボルツマン分布に関する統計計算に帰着される，平衡統計力学の枠組みで用いられている平均場近似法は，そのままの形で一般の統計モデルに適用することが可能である．

ただし，従来の物理学では，統計モデルとしては特殊な，格子上に配置された同一原子・分子からなる均質な系を対象とすることが多かったため，実際に用いられる平均場近似はそのような特殊性に特化した形で表現されることが多く，汎用的近似アルゴリズムとして意識されることは少なかった*2．ところが，不均質な相互作用で表現されるスピングラスの問題とベイズ統計との類似性が指摘された1990年代以降，平均場近似の情報処理技術としての有用性が認識されはじめ，最近では機械学習や符号など，具体的な問題への適用も進みつつある．

一方，別の系譜として，不確実性を伴う環境での人工知能の研究において，1980年代以降，グラフ表現された多変数ベイズ統計モデル(グラフィカルモデル)の効率的計算法に関する研究が盛んに行われている．実験や観測など解析のための代替手段のない系を対象としているためか，グラフィカルモデルの研究は，計算爆発を回避できる特殊なグラフ構造に対応する分布の厳密計算を中心に発展してきた．ただし，最近では，より一般の分布にも対応するため，近似計算の研究も急速に活発化しつつある．まだ歴史が浅いこともあり，この分野では，物理学を含めた他分野で知られている近似計算法の導入や再発見という研究も多い．しかしながら，この研究の流れは人工知能への応用を前提としているため，情報処理として自然な確率モデルを意識した定式化がなされており，数学的な裏付けも明確であるという点で優れている．このような状況を踏まえて，次章ではグラフィカルモデルの研究で得られた結果に基づいた，なるべく汎用性のある形式での平均場近似の導入を試みる．

さて，統計モデルの近似計算法が生み出された背景として物理学，人工知能研究を取り上げたが統計科学の総本山である統計学ではどのような研究が行われてきたのであろうか．

統計学では，古来，貴重な観測データを無駄なく活用し効率的なパラメータ推定を行うための最適な方策を追究する推定問題が中心的研究課題であった．そのためであろうか，与えられた統計モデルに対し平均量を効率良く算出するアルゴリズムの開発を目的とした**順問題**(forward problem)はデータからの最適なパラメータ推定という**逆問題**(inverse problem)とは本来独立に存在し得るにもかかわらず，統計学における順問題の重要性が以下に

---

*2 ただし，任意の統計モデルに対して一般的に平均場近似を定式化する試みはなされており，有名なものとしてはクラスター変分法などがある．今後は物理以外の分野での普及および活用が期待される．

述べるように欠損を伴う不完全データからのパラメータ推定という逆問題の文脈から広く論じられるようになったことは興味深い．

多変数の統計モデルで記述される問題では観測ミスやモデルの構造から必ずしもすべての変数が観測されない場合がある．そのようなモデルについてパラメータ推定を行う際には，未観測データの取り得るすべての値に対して和を取る周辺化を行い，観測された変数のみを含むモデルに変換してから推定を行う必要がある．多くの場合，パラメータ推定は対数尤度などのコスト関数を逐次的に最適化することにより行われる．そういった場合にはパラメータを逐次更新するたびに周辺化を行わなければならず，必要となる計算量は未観測データが比較的少数の場合でさえ相当な負担となる．1977 年，Dempster，Laird，Rubin らは混合正規分布などある種の統計モデル族に対して，周辺化操作を未観測データに関する期待値評価に帰着させることにより計算の効率化をはかる**期待値最大化**(expectation maximization, EM)法というアルゴリズムを提案した．

EM 法は不完全データからの最尤推定値を求める一般的解法であり，その提案以降，音声認識や因子分析など情報工学におけるさまざまな分野で広く活用されている．ただし，EM 法における計算の効率性は未観測データに関する期待値評価を容易に実行できるか否かに強く依存しており，解析的な期待値評価が可能になる特殊な分布族を除いて必要な計算量がそれほど劇的に削減されるわけではない．ところが近年，非線形の学習問題を広く論じるニューロコンピューティングの分野で，EM 法における期待値計算に前述の平均場近似と類似の手法を取り入れることで一般の分布族に対しても計算の効率化をはかる**一般化 EM**(generalized EM, GEM)法および**変分ベイズ**(variational Bayes, VB)法が開発され，MCMC 法などの確率的近似法に代わる新たな汎用的近似算法として多くの統計学者に影響を与えつつある．

3 章と 4 章では決定論的近似法として注目されつつあるこの VB 法が EM 法からどのように進化して誕生したかを順を追って説明する．

2 平均場近似

大自由度統計モデルに関する平均量の計算は一般に計算量的に困難な問題である．しかしながら，変数間の依存関係が特殊なグラフ構造で表現される分布では，高々変数の個数に関する多項式程度の計算時間で実行可能なアルゴリズムが存在する．物理学では，平均場近似とはつじつまが合うように多体問題を1体問題に近似する手法として直観的に導入されることが多いが，統計モデルの立場からは，これらの計算が容易になる分布族を利用して真の分布を近似する方法，と位置づけられる．ただし，「近似の指針」は数多く存在し，それらに応じてさまざまな平均場近似法が導出される．本章ではそれらの中でも代表的なものとして知られているナイーブ平均場近似とベーテ近似を紹介する．

2.1 グラフによる表現と計算可能性

(a) 統計モデルのグラフ表現

N 個の要素からなる状態変数 $\boldsymbol{x} = (x_1, x_2, \cdots, x_N)$ についてポテンシャル関数(potential function)とよばれる関数

$$\phi(\boldsymbol{x}) = \sum_{\mu} \phi_\mu(\boldsymbol{x}_\mu) \tag{7}$$

により，確率分布が

$$P(\boldsymbol{x}) = \frac{\exp[\phi(\boldsymbol{x})]}{\sum_{\boldsymbol{x}} \exp[\phi(\boldsymbol{x})]} \tag{8}$$

のように与えられる状況を考える．ただし，μ はポテンシャル関数を構成する構成要素 $\phi_\mu(\cdot)$ を指す添字であり，それに含まれる要素変数 x_l が作る集合と同一視してクリーク(派閥)とよぶ．また，$\boldsymbol{x}_\mu$ はクリーク μ に含まれる要素変数すべての組を表わすものとする(図1(a)参照)．以下の議論は

連続変数であっても本質的には変わりはないが，各変数の取り得る値が数種程度であり，それに関する和の実行が容易な離散変数を前提として話を進める[*3].

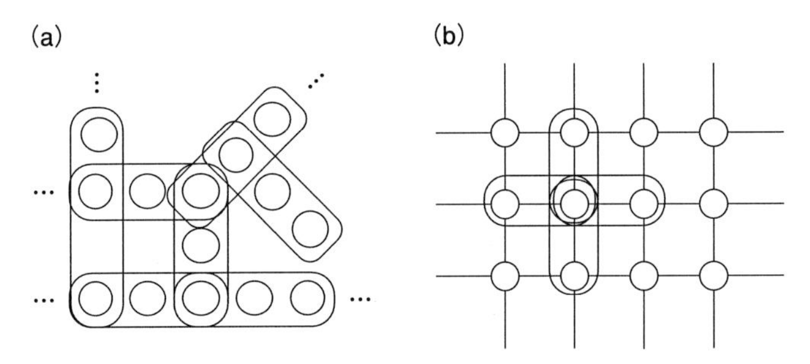

図 1 (a)統計モデルのグラフ表現. ○は変数を，それらを含むまとまり(クリーク)はポテンシャル関数を構成する基本要素をそれぞれ表わす. (b)2 値画像のクリーク.

以下では，この表現から平均量，たとえば

$$\langle \boldsymbol{x} \rangle = \sum_{\boldsymbol{x}} \boldsymbol{x} P(\boldsymbol{x}) \tag{9}$$

をいかに効率良く計算するか，という問題を考える. 式の上で表現できているため，少々問題の本質がわかりづらいかもしれないが，式(9)は一般に N 重和(積分)を必要とするため要素数 N に関して指数関数的に計算量が増大し，現実的時間での厳密計算の実行は不可能となる.

前章で取り上げた画像修復の例では，画素ごとの誤り確率を最小化する MPM 復号を行う際に，この種の問題が現われる. ノイズを含む画像データ $\boldsymbol{y}$ を受け取った後の修復のみを問題とするため，$\boldsymbol{y}$ に関する依存性は省略して書くが，画像修復問題におけるポテンシャル関数は

$$\phi(\boldsymbol{x}) = K \sum_{(i,j)} x_{i,j} \left(x_{i+1,j} + x_{i,j+1} \right) + F \sum_{(i,j)} y_{i,j} x_{i,j} \tag{10}$$

*3 以下，確率を表わす関数に関しては，離散変数に対する確率分布関数は大文字で，連続変数に対する確率密度関数は小文字で，それぞれ表わす. ただし，ポテンシャル関数や拘束条件に伴うラグランジュ未定乗数の役割を果たす関数についてはその限りではない.

となる．このポテンシャル関数がどのようなクリークから構成されていると見做すかには任意性がある．しかしながら，相互作用を表わす第1項を構成する隣接画素対をクリークの基本単位とすることは自然であろう(図1(b))．このように見做したとき，2次元格子上に並んだ画素対で構成されるポテンシャル関数(10)に関して，式(9)を厳密に評価することは困難である．

(b) ループのないグラフと転送行列法

ただし，近年の確率推論に関する研究から，一般の統計モデルについて変数とクリークの繋がりをグラフ表現した際にグラフの中にループ(循環経路)が存在しなければ，平均量を少ない計算量で評価できることがわかってきた．これを以下に示そう．

■繋がりのないグラフ

自明な例としては各要素に依存関係がなく繋がりのないグラフで表現される場合がある(図2)．この場合，分布関数は

$$P(\boldsymbol{x}) = \prod_{i=1}^{N} \frac{\exp[\phi_i(x_i)]}{\sum_{x_i} \exp[\phi_i(x_i)]} \tag{11}$$

のように要素ごとに因数分解される．そのため，平均量は要素ごとの計算に還元され容易に評価可能である．

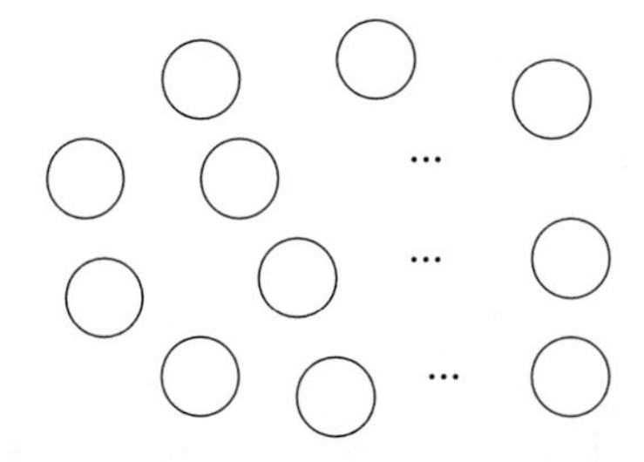

図2 繋がりのないグラフ．因数分解可能な分布に対応．

■ 1 次元鎖

自明ではない簡単な例として 1 次元鎖がある(図 3(a)). この場合, ポテンシャル関数は

$$\phi(\boldsymbol{x}) = \sum_{i=1}^{N-1} \phi_i(x_i, x_{i+1}) \tag{12}$$

により与えられる. これを式(8)を代入し, 要素変数 x_i に着目すると, 周辺化された分布が

$$P(x_i) = \frac{\hat{\rho}_{Li}(x_i) \times \hat{\rho}_{Ri}(x_i)}{\sum_{x_i} \hat{\rho}_{Li}(x_i) \times \hat{\rho}_{Ri}(x_i)} \tag{13}$$

ただし,

$$\begin{aligned} \hat{\rho}_{Li}(x_i) &\equiv \sum_{x_{(1\leq)j(<i)}} \exp\Big[\sum_{1\leq j<i} \phi_j(x_j, x_{j+1})\Big] \\ \hat{\rho}_{Ri}(x_i) &\equiv \sum_{x_{(i<)j(\leq N)}} \exp\Big[\sum_{i<j\leq N} \phi_{j-1}(x_{j-1}, x_j)\Big] \end{aligned} \tag{14}$$

と表現できることに着目する(図 3(b)). $\hat{\rho}_{Li}(x_i)$, $\hat{\rho}_{Ri}(x_i)$ を直接評価するのに必要な計算量は添字 i の位置に依存するが, それぞれ x_i の左, 右に位置する要素の個数の指数に比例して増大する. ところが, これらに関して漸化式

$$\begin{aligned} \hat{\rho}_{Li+1}(x_{i+1}) &= \sum_{x_i} \exp\left[\phi_i(x_i, x_{i+1})\right] \hat{\rho}_{Li}(x_i) \\ \hat{\rho}_{Ri-1}(x_{i-1}) &= \sum_{x_i} \exp\left[\phi_{i-1}(x_{i-1}, x_i)\right] \hat{\rho}_{Ri}(x_i) \end{aligned} \tag{15}$$

が成立することに注意しよう. この漸化式を利用すると, 現時点での $\hat{\rho}_{Li}(x_i)$ あるいは $\hat{\rho}_{Ri}(x_i)$ を利用し, 1 ステップあたり $O(1)$ の計算量*4で隣の要素に関する $\hat{\rho}_{Li}(x_i)$ あるいは $\hat{\rho}_{Ri}(x_i)$ を計算することが可能となる(図 3(c)). すべての要素に関して, これを実行するのはグラフ上を一通り伝播するのに必要な高々 $O(N)$ の計算量で済む. このアルゴリズムは一般に転送行列法(transfer

*4 要素数 N の増大に伴い必要な計算時間が N^α に比例して増加する場合に計算量は $O(N^\alpha)$ であるという.

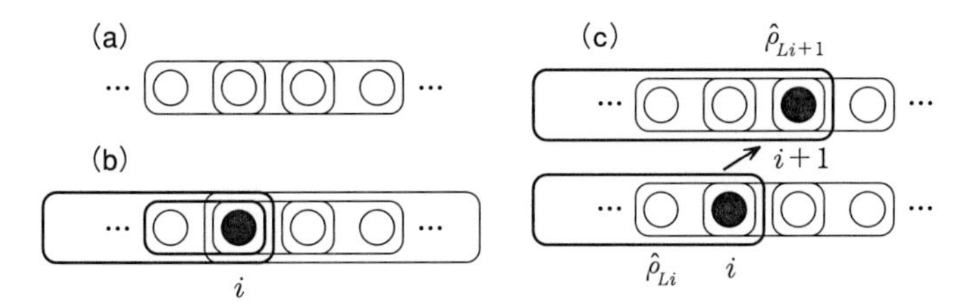

図 3　(a)1 次元鎖．(b)要素 i に着目し，それに関する周辺化を考える．すると要素変数 x_i についての周辺分布は i の左にあるすべての要素からの寄与 $\hat{\rho}_{Li}(x_i)$ と右にあるすべての要素からの寄与 $\hat{\rho}_{Ri}(x_i)$ の積から求まる．1 次元鎖では i の左(右)にあるすべての要素の集合は結合対 $(i-1, i)$(右の場合は $(i, i+1)$)と同一視できることに注意．(c)転送行列法．漸化式により $\hat{\rho}_{Li}(x_i)$ から $\hat{\rho}_{Li+1}(x_{i+1})$ が容易に求まる．このとき，i の左にあるすべての要素の集合と結合対 $(i-1, i)$ との対応から，漸化式の動きは 1 つの結合対が右に伝播していく様子として表現できる．$\hat{\rho}_{Ri}$ の計算も同様だが，結合対は右から左へ伝播する．

matrix method)などと称される．畳み込み符号のビタビ(Viterbi)復号，動的計画法など，用途により異なる名称でよばれるアルゴリズムも本質的には同じものである．計算過程において得られた結果を順次配列に記憶しておくことにすると，一通り伝播した後は記憶してある $\hat{\rho}_{Li}(x_i)$, $\hat{\rho}_{Ri}(x_i)$ を用いて，(13)から平均値を求めればよい．これは各要素独立に行うことができるので，要素あたり $O(1)$ の計算量で済む．

■ジャンクションツリー

以上のアルゴリズムは，循環経路(ループ)のない木構造グラフに対しても一般化することができる．以下では，ベーテ(Bethe)近似とよばれる平均場近似の導出を目的として，ジャンクションツリー(junction tree)と称される，高々 1 つの要素のみを共有するクリークの繋がりから構成されるグラフ(図 4(a))に限定して話を進める．

このような木構造グラフでは，任意の要素 l に着目したとき，それと直接関係しているクリークを遡ることによって，グラフを要素 l のみで繋がった独立な部分グラフに分割することができる(図 4(b)参照)．そのため，各

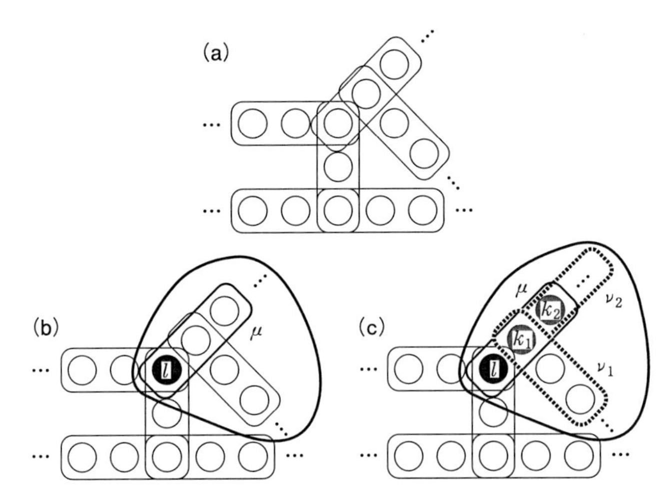

図 4 (a)ジャンクションツリー．(b)任意の要素 l とそれを含むクリーク μ に着目する．μ に含まれる l 以外の要素を起点にグラフを遡ることで部分グラフができる．l を含む他のクリークからもこのような部分グラフができるが，それらは l 以外に共通する要素をもたず，さらにその和集合はジャンクションツリーと一致する．つまり，任意の要素 l に対し，それを含むクリークを添字とすることでジャンクションツリーを交わりのない部分グラフに完全に分割することができる．(c)要素 l からクリーク μ を遡ることでできる部分グラフは，μ に含まれる l 以外の要素 k を起点として μ 以外の方向に遡ることでできる部分グラフの和集合となっている．そのため，漸化式(18)が成立する．

要素に関し，直接関係しているそれぞれのクリークを経由して伝わる他要素からの影響について，やはり漸化式が成り立つ．

図 4(c)に基づきこれを示そう．要素 l に着目し，それと直接関係するクリーク μ を遡ることで得られる部分グラフからの影響を

$$\hat{\rho}_{\mu l}(x_l) = \sum_{x_{j \in E(\mu,l)\setminus l}} \exp\left[\sum_{\nu \in C(\mu,l)} \phi_\nu(\boldsymbol{x}_\nu)\right] \tag{16}$$

と表わす．ただし，$E(\mu,l)$, $C(\mu,l)$ は要素 l からクリーク μ を遡ることによって得られる部分グラフに含まれる要素(l も含む)，クリーク(μ も含む)の集合をそれぞれ表わす．式(16)を用いると x_l に関する周辺分布は

$$P(x_l) = \frac{\displaystyle\prod_{\mu \in \mathcal{M}(l)} \hat{\rho}_{\mu l}(x_l)}{\displaystyle\sum_{x_l} \prod_{\mu \in \mathcal{M}(l)} \hat{\rho}_{\mu l}(x_l)} \tag{17}$$

により計算できる．ただし，$\mathcal{M}(l)$ は要素 l を含むクリークの集合である．

さて，$\hat{\rho}_{\mu l}(x_l)$ に関してはグラフの結合関係から，漸化式

$$\hat{\rho}_{\mu l}(x_l) = \sum_{x_{j \in \mathcal{L}(\mu) \backslash l}} \exp\left[\phi_\mu(\boldsymbol{x}_\mu)\right] \times \prod_{j \in \mathcal{L}(\mu) \backslash l} \prod_{\nu \in \mathcal{M}(j) \backslash \mu} \hat{\rho}_{\nu j}(x_j) \tag{18}$$

が成立する．ただし，$\mathcal{L}(\mu)$ はクリーク μ に含まれる添字の集合である．これを示すためには，定義式(16)を $\phi_\mu(\boldsymbol{x}_\mu)$ に関係する部分と関係しない部分に分解し，関係しない部分についての和が $\hat{\rho}_{\nu j}(x_j)$ にまとめられることを確認すればよい．

ループのないグラフでは要素，クリークに適当な順序関係を定義することができる．漸化式(18)は順序関係を与えた後，その順序関係に沿ってグラフを一通り伝播することで解くことが可能である．基本的に，このアルゴリズムは 1 次元鎖における転送行列法と同じであるが，最近ではビリーフプロパゲーション（belief propagation, BP）という名称でよばれることが多い．これに要する計算量はグラフに含まれるクリークと要素の対の総数に比例する程度であり，この対の数が要素数に比例する程度である場合には，平均量は 1 要素あたり $O(1)$ で計算可能である．

2.2 KLダイバージェンスとナイーブ平均場近似

残念ながら要素間の依存関係にループが存在する場合には，先に述べたような漸化式が成立しない．

その際，大別して 2 つの方針が考えられる．1 つは形式的に要素を増やしたり，いくつかの要素をまとめて 1 つの要素と考えることによりループのないグラフに還元し，あくまで厳密計算を行う立場である．この立場からの接近法は主に人工知能研究など計算機科学の分野で発展している．そしてもう 1 つは，高速計算可能なグラフの性質を用いて一般の分布に対する近似アルゴリズムを作るという平均場近似の接近法である．

以下では，後者の方針をさらに掘り下げて考えることにしよう．

(a)　KL ダイバージェンスと分布間の距離

一般に近似を行う際には，考察する対象間の近さを測る尺度を導入すると便利である．ここでは，2 つの分布 $P(\boldsymbol{x})$ および $Q(\boldsymbol{x})$ 間の近さを測る量として **Kullback-Leibler**（以下，KL）ダイバージェンス

$$\mathrm{KL}(Q,P) = \sum_{\boldsymbol{x}} Q(\boldsymbol{x}) \ln \frac{Q(\boldsymbol{x})}{P(\boldsymbol{x})} \tag{19}$$

を導入する．2 つの分布 $P(\boldsymbol{x}), Q(\boldsymbol{x})$ に対し，この量は

$$\mathrm{KL}(Q,P) \geq 0 \text{（等号成立は } Q(\cdot) = P(\cdot) \text{ の場合のみ）} \tag{20}$$

という性質を示すので一種の近さを表わしている．ただし，$\mathrm{KL}(Q,P) \neq \mathrm{KL}(P,Q)$ など距離の公理を満たさないので普通の意味での距離ではない．

(b)　KL ダイバージェンスの最小化とナイーブ平均場近似

KL ダイバージェンスを導入すると，要領よく近似手法を導くことができる．真の分布がループを含むグラフ構造により特徴づけられて，式(8)のように表現されているとする．平均量の計算が容易な分布として，繋がりのないグラフで表現される因数分解されたテスト分布

$$Q(\boldsymbol{x}) = \prod_{l=1}^{N} Q_l(x_l) \tag{21}$$

を導入し，$Q(\boldsymbol{x})$ から測った KL ダイバージェンス

$$\begin{aligned} \mathrm{KL}(Q,P) &= \sum_{\boldsymbol{x}} Q(\boldsymbol{x}) \ln \frac{Q(\boldsymbol{x})}{P(\boldsymbol{x})} \\ &= -\langle \phi(\boldsymbol{x}) \rangle_Q + \sum_{l=1}^{N} \sum_{x_l} Q_l(x_l) \ln Q_l(x_l) \\ &\quad + \ln \sum_{\boldsymbol{x}} \exp\left[\phi(\boldsymbol{x})\right] \end{aligned} \tag{22}$$

を最小化するように $Q_l(x_l)$ $(l = 1, 2, \cdots, N)$ を決める．これをナイーブ平均場近似（naive mean field approximation）とよぶ．ここで，テスト分布 $Q(\boldsymbol{x})$ についての平均操作を

$$\langle \cdots \rangle_Q = \sum_{\boldsymbol{x}} \prod_{l=1}^{N} Q_l(x_l)\,(\cdots) \tag{23}$$

と表記した．$Q_l(\cdot)$ に関して式(22)の極値条件をとると

$$Q_l(x_l) = \frac{\exp\left[\langle \phi(\boldsymbol{x}) \rangle_{Q\backslash l}\right]}{\sum_{x_l} \exp\left[\langle \phi(\boldsymbol{x}) \rangle_{Q\backslash l}\right]} \tag{24}$$

を得る．ただし，$\langle \cdots \rangle_{Q\backslash l}$ は分布 $Q(\boldsymbol{x})$ から変数 x_l を除いて平均をとる操作

$$\langle \cdots \rangle_{Q\backslash l} = \sum_{\boldsymbol{x}\backslash x_l} \prod_{j\neq l} Q_j(x_j)\,(\cdots) \tag{25}$$

である．

方程式(24)は反復法

$$Q_l^{n+1}(x_l) = \frac{\exp\left[\langle \phi(\boldsymbol{x}) \rangle_{Q^n\backslash l}\right]}{\sum_{x_l} \exp\left[\langle \phi(\boldsymbol{x}) \rangle_{Q^n\backslash l}\right]} \tag{26}$$

により解くことができる．$\langle \cdots \rangle_{Q\backslash l}$ の評価に必要な計算量は高々 $O(N-1)\times$ (各要素の状態数) 程度なので 1 回の反復に要する計算量はそれを N 倍した程度である．要素が離散変数の場合，これは十分実際的な計算量である．

ここで，コスト関数を式(22)のように定義したことが，現実的時間での式(26)の実行可能性に重要な役割を果たしていることを強調しておきたい．たとえば，分布の近さを表現することが目的であれば，式(22)の代わりに，真の分布 $P(\boldsymbol{x})$ から測った KL ダイバージェンス $\mathrm{KL}(P,Q)$ を用いることもできる．ところが，$\mathrm{KL}(P,Q)$ のテスト分布 $Q(\boldsymbol{x})$ に関する最小化は，一般に要素数の指数程度の計算量が必要になる．ナイーブ平均場近似で用いられる $\mathrm{KL}(Q,P)$ は，分布間の近さの表現と現実的時間での実行可能性という，2 つの目的を両立させる特別なコスト関数なのである．

ここでは，高速計算可能な分布として因数分解可能な分布(21)を考えたが，同様の近似は計算が容易なグラフとして 1 次元鎖やジャンクションツリーを用いても可能である．

(c) 画像修復への応用例

ナイーブ平均場近似の実問題への応用例として，前章で例示したノイズで乱された 2 値画像の修復を取り上げる．2 値変数 $x_{i,j} = \pm 1$ に関する 1 体分布関数はその平均値 $m_{i,j}$ を用いて

$$Q_{i,j}(x_{i,j}) = \frac{1 + m_{i,j}x_{i,j}}{2} \tag{27}$$

と表現することができる．これは式(27)から逆に平均値 $\sum_{x_{i,j}} x_{i,j}Q_{i,j}(x_{i,j})$ を計算することで確かめられる．

式(27)をテスト分布とし，ノイズを含む 2 値画像のポテンシャル関数(10)について，真の分布との KL ダイバージェンスを求めると

$$\begin{aligned}\mathrm{KL}(Q,P) = &-K\sum_{(i,j)} m_{i,j}(m_{i+1,j} + m_{i,j+1}) - F\sum_{(i,j)} y_{i,j}m_{i,j} \\ &+ \sum_{(i,j)} \frac{1+m_{i,j}}{2}\ln\frac{1+m_{i,j}}{2} + \frac{1-m_{i,j}}{2}\ln\frac{1-m_{i,j}}{2} \\ &+ \ln\sum_{\boldsymbol{x}}\exp\left[\phi(\boldsymbol{x})\right]\end{aligned} \tag{28}$$

となる．

第 1 項，第 2 項はポテンシャル関数に含まれる変数 $x_{i,j}$ をテスト分布の平均値に置き換えたものを，第 3 項はテスト分布のエントロピーをそれぞれ意味している．一般的な状況では KL ダイバージェンスは分布関数の汎関数であるが，ここで考えている 2 値画像の修復問題では，テスト分布(27)がその平均値のみで表現されるため式(28)は $m_{i,j}$ に関する通常の意味での関数となる．

KL ダイバージェンス(28)の極値条件を求め，式(24)に対応するものを書き下すと平均値 $m_{i,j}$ に関する非線形連立方程式

$$m_{i,j} = \tanh\left[K(m_{i+1,j} + m_{i,j+1} + m_{i-1,j} + m_{i,j-1}) + Fy_{i,j}\right] \tag{29}$$

にまとめられる．この方程式は式(26)同様，反復法で解くことが可能である．得られた収束解 $m^*_{i,j}$ は，そのまま $x_{i,j}$ の事後分布に関する平均値の近似値を与える．この値の正負は $x_{i,j}$ が ± 1 のどちらを取りやすいかを与えるので，結局 MPM 推定では

$$\hat{x}_{i,j} = \mathrm{sign}(m^*_{i,j}) \tag{30}$$

を推定値とすればよい．ただし，$\mathrm{sign}(x)$ は x が正ならば $+1$，負ならば -1 を与える符号関数である．図 5 はナイーブ平均場近似による以上のアルゴリズムを 256×256 の画素からなる標準画像に対して適用した結果を示している．

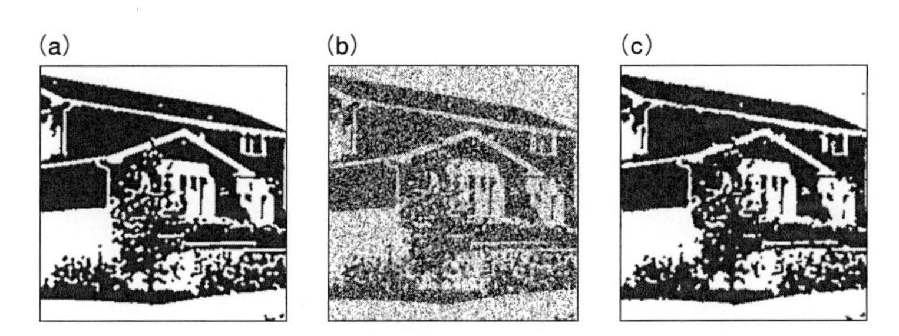

図 5　ナイーブ平均場近似を用いた画像修復の例．東北大学，田中和之氏の協力による．(a)原画像．(b)$p=0.2$ の 2 値対称ノイズにより劣化した画像．(c)ナイーブ平均場近似により修復された画像．この例ではハイパーパラメータの推定は行わず，$K=0.53$，$F=(1/2)\ln[(1-p)/p]$ とした．20 回程度の反復で平均値 $m_{i,j}$ に関する反復前後での 2 乗誤差の和が 10^{-5} 程度になる収束解が求まる．

(d)　経験ベイズ法

画像修復などの実問題に関しては，計算量的なむずかしさ以外に，画素間の相関の強さやノイズの大きさを表わすハイパーパラメータ K や F が先見的にはわからない，という構造的な問題がある．この問題に対する標準的な対処法の 1 つとして，ハイパーパラメータ K, F に関しても確率構造を仮定し，データから定まる事後確率に基づいて，それらの値を決定する経験ベイズ法(empirical Bayes method)が知られている．

画像修復の問題に対する経験ベイズ法は以下のように定式化される．ハイパーパラメータに関する事後分布を構成するために，画像の事前分布(1)，劣化過程を表す条件付確率(2)を，K, F の関数であることを強調して，それぞれ $P(\boldsymbol{x}|K)$, $P(\boldsymbol{y}|\boldsymbol{x}, F)$ と表わそう．すると，K, F が与えられた際の

劣化画像 $\boldsymbol{y}$ の尤度は

$$P(\boldsymbol{y}|K,F)=\sum_{\boldsymbol{x}}P(\boldsymbol{y}|\boldsymbol{x},F)P(\boldsymbol{x}|K) \tag{31}$$

となる．これは原画像 $\boldsymbol{x}$ に対して周辺化された量であるため，しばしば周辺尤度(marginalized likelihood)とよばれる．この量と適宜導入される事前分布 $p(K,F)$ から，劣化画像 $\boldsymbol{y}$ が与えられた際の K,F の事後分布

$$p(K,F|\boldsymbol{y})=\frac{P(\boldsymbol{y}|K,F)p(K,F)}{\displaystyle\int dKdFP(\boldsymbol{y}|K,F)p(K,F)} \tag{32}$$

が構成される．たとえば，この事後確率を最大化するように K,F を決定するのが，経験ベイズ法の 1 つの流儀である．

画像修復の問題では，画素の自由度が大きいことを反映して，$P(\boldsymbol{y}|K,F)$ は K,F に関して急峻な関数となる．そのため，事前分布を表わす密度関数 $p(K,F)$ がなだらかである限り，その選択が結果に与える影響は小さい．そこで，$p(K,F)$ は一様と仮定しよう．すると，事後分布(32)の最大化は周辺尤度

$$P(\boldsymbol{y}|K,F)=\frac{\displaystyle\sum_{\boldsymbol{x}}\exp\Big[K\sum_{(i,j)}x_{i,j}\left(x_{i+1,j}+x_{i,j+1}\right)+F\sum_{(i,j)}y_{i,j}x_{i,j}\Big]}{\displaystyle(2\cosh F)^{N^2}\sum_{\boldsymbol{x}}\exp\Big[K\sum_{(i,j)}x_{i,j}\left(x_{i+1,j}+x_{i,j+1}\right)\Big]} \tag{33}$$

を最大にすることに他ならない．

式(33)の分母，分子を直接評価することは計算量的にむずかしい．一方，その K,F についての最大化条件は $\boldsymbol{x}$ の平均量に関する以下の方程式

$$\Big\langle\sum_{(i,j)}x_{i,j}\left(x_{i+1,j}+x_{i,j+1}\right)\Big\rangle_{\mathrm{Post}}=\Big\langle\sum_{(i,j)}x_{i,j}\left(x_{i+1,j}+x_{i,j+1}\right)\Big\rangle_{\mathrm{Pri}} \tag{34}$$

$$\Big\langle\sum_{(i,j)}y_{i,j}x_{i,j}\Big\rangle_{\mathrm{Post}}=N^2\tanh F \tag{35}$$

で与えられる．ただし，$\langle\cdots\rangle_{\mathrm{Post}}$，$\langle\cdots\rangle_{\mathrm{Pri}}$ はそれぞれ事後分布 $P(\boldsymbol{x}|\boldsymbol{y},K,F)$，事前分布 $P(\boldsymbol{x}|K)$ による平均である．そこで，これらの平均量を MCMC 法や平均場近似などで評価し，周辺尤度(33)の最大化を行う近似法がしば

しば用いられている[*5].

2.3 ジャンクションツリーとベーテ近似

前節では，平均量の計算が容易になるグラフ構造によって特徴づけられるテスト分布を，KLダイバージェンスの意味で真の(計算量的に困難な)分布に近づける，という立場から平均場近似を構成した．ただし，平均場近似はそれ以外の発想に基づいて構成することも可能である．この節では，ジャンクションツリーについて成立する性質を，一般のグラフに対しても適用することで導出される近似手法を紹介する．

(a) ジャンクションツリーと KL ダイバージェンス

真の分布 $P(\boldsymbol{x}) \propto \exp\left[\sum_{\mu} \phi_\mu(\boldsymbol{x}_\mu)\right]$ がジャンクションツリーで特徴づけられる場合を考えよう．このとき，必ず $P(\boldsymbol{x})$ を**周辺化表現**(marginal representation)

$$P(\boldsymbol{x}) \left(= \frac{\exp\left[\sum_{\mu} \phi_\mu(\boldsymbol{x}_\mu)\right]}{\sum_{\boldsymbol{x}} \exp\left[\sum_{\mu} \phi_\mu(\boldsymbol{x}_\mu)\right]} \right) = \frac{\prod_{\mu} P_\mu(\boldsymbol{x}_\mu)}{\prod_{l} P_l^{q_l - 1}(x_l)} \tag{36}$$

に書き換えることが可能である．ただし，$P_\mu(\boldsymbol{x}_\mu)$ はクリーク μ に関する結合分布，$P_l(x_l)$ は変数 x_l に関する周辺化(一体)分布，q_l は変数 x_l が含まれるクリークの数である．

これを示すには，前述の BP を用いて $\hat{\rho}_{\mu l}(x_l)$ を求めた後，

$$\begin{aligned} P_\mu(\boldsymbol{x}_\mu) &= \frac{\exp\left[\phi_\mu(\boldsymbol{x}_\mu)\right] \prod_{l \in \mathcal{L}(\mu)} \prod_{\nu \in \mathcal{M}(l) \backslash \mu} \hat{\rho}_{\nu l}(x_l)}{\sum_{\boldsymbol{x}_\mu} \exp\left[\phi_\mu(\boldsymbol{x}_\mu)\right] \prod_{l \in \mathcal{L}(\mu)} \prod_{\nu \in \mathcal{M}(l) \backslash \mu} \hat{\rho}_{\nu l}(x_l)} \\ P_l(x_l) &= \frac{\prod_{\mu \in \mathcal{M}(l)} \hat{\rho}_{\mu l}(x_l)}{\sum_{x_l} \prod_{\mu \in \mathcal{M}(l)} \hat{\rho}_{\mu l}(x_l)} \end{aligned} \tag{37}$$

---

*5 もっとも，平均場近似に関しては最大化条件(34)，(35)の近似解が期待値として周辺尤度 $P(\boldsymbol{y}|K,F)$ を最大化する，あるいはその下界を与える，などといった数学的正当性がないため，複数の手法での比較など，より慎重な検討が必要であろう．

により，それぞれ $P_\mu(\boldsymbol{x}_\mu), P_l(x_l)$ を具体的に表現し，式(36)が成立することを確認すればよい．

ジャンクションツリーに対し，BP は高速に実行できるので，この表現を求める際に何ら計算量的なむずかしさは生じない．しかしながら，近似手法を導出するというここでの目的のため，別の方法で周辺化表現を求めてみよう．

ジャンクションツリーでは，必ず式(36)のような表現が可能である．そこで

$$Q(\boldsymbol{x}) = \frac{\prod_\mu Q_\mu(\boldsymbol{x}_\mu)}{\prod_l Q_l^{q_l-1}(x_l)} \tag{38}$$

で表現されるテスト分布を構成し，KL ダイバージェンス

$$\begin{aligned}\mathrm{KL}(Q,P) = &-\sum_\mu \sum_{\boldsymbol{x}_\mu} Q_\mu(\boldsymbol{x}_\mu)\phi_\mu(\boldsymbol{x}_\mu) + \sum_l (q_l - 1)\sum_{x_l} Q_l(x_l)\ln Q_l(x_l) \\ &+ \ln\sum_{\boldsymbol{x}} \exp\Big[\sum_\mu \phi_\mu(\boldsymbol{x}_\mu)\Big]\end{aligned} \tag{39}$$

の最小化問題を考える．ここで，$Q_\mu(\boldsymbol{x}_\mu)$ および $Q_l(x_l)$ はクリーク μ の結合分布および変数 x_l の周辺化(一体)分布をそれぞれ表わすが，これらは独立ではないことに注意しなければならない．なぜなら，変数 x_l を含むクリークの結合分布に関して x_l を残して周辺化した場合，

$$\sum_{\boldsymbol{x}\backslash x_l} Q_\mu(\boldsymbol{x}_\mu) = Q_l(x_l) \tag{40}$$

のように，x_l に関する周辺分布と一致しなければならないからである．これは一般に可約(reducibility)条件とよばれる．

可約条件(40)の下での KL ダイバージェンス(39)の最小化問題は，各条件に対応したラグランジュ未定乗数 $\lambda_{\mu l}(x_l)$ を導入することにより，コスト関数

$$\mathcal{F}(Q_\mu, Q_l, \lambda_{\mu l}) \equiv \mathrm{KL}(Q,P) + \sum_{\langle \mu l\rangle, x_l} \lambda_{\mu l}(x_l)\Big(\sum_{\boldsymbol{x}\backslash x_l} Q_\mu(\boldsymbol{x}_\mu) - Q_l(x_l)\Big) \tag{41}$$

に関する Q_μ, Q_l および $\lambda_{\mu l}$ についての拘束条件のない極値問題に帰着される．ただし，$\langle \mu l\rangle$ は直接関係するクリークと要素との対を表わすものとす

る．さらに，ラグランジュ未定乗数 $\lambda_{\mu l}(x_l)$ を

$$\lambda_{\mu l}(x_l) = \ln \rho_{\mu l}(x_l) \tag{42}$$

$$= \sum_{\nu \in \mathcal{M}(l)\backslash\mu} \ln \hat{\rho}_{\nu l}(x_l) \tag{43}$$

という 2 つの表現で表わすことにする．$Q_\mu(\boldsymbol{x}_\mu)$ に掛かるものについては表現(42)を，$\hat{Q}_l(x_l)$ に掛かるものについては表現(43)を，それぞれ用いる．ただし，表現(42)と(43)は同じものを表わすので，これらについてもさらにラグランジュ未定乗数 $\Lambda_{\mu l}(x_l)$ を導入し，拘束条件を取り入れる．これらの表現を代入し，整理すると，可約条件下での KL ダイバージェンスの最小化は，最終的にコスト関数

$$\begin{aligned}\mathcal{F}(Q_\mu, Q_l, \rho_{\mu l}, \hat{\rho}_{\mu l}, \Lambda_{\mu l}) \equiv \mathrm{KL}(Q, P) &+ \sum_\mu \sum_{\boldsymbol{x}_\mu} Q_\mu(\boldsymbol{x}_\mu) \sum_{l \in \mathcal{L}(\mu)} \ln \rho_{\mu l}(x_l) \\ &- \sum_l (q_l - 1) \sum_{x_l} Q_l(x_l) \sum_{\mu \in \mathcal{M}(l)} \ln \hat{\rho}_{\mu l}(x_l) \\ &+ \sum_{\langle \mu l \rangle, x_l} \Lambda_{\mu l}(x_l) \Big(\ln \rho_{\mu l}(x_l) - \sum_{\nu \in \mathcal{M}(l)\backslash\mu} \ln \hat{\rho}_{\nu l}(x_l) \Big)\end{aligned} \tag{44}$$

についての拘束条件のない極値問題に帰着する．

(b) 極値条件

極値問題(44)の解が周辺化表現(37)によって与えられることは，これまでの議論から明らかであるが，ためしに極値条件を求めると

$$Q_\mu(\boldsymbol{x}_\mu) = \alpha_\mu \exp[\phi_\mu(\boldsymbol{x}_\mu)] \prod_{l \in \mathcal{L}(\mu)} \rho_{\mu l}(x_l) \tag{45}$$

$$Q_l(x_l) = \alpha_l \prod_{\mu \in \mathcal{M}(l)} \hat{\rho}_{\mu l}(x_l) \tag{46}$$

$$\rho_{\mu l}(x_l) \propto \prod_{\nu \in \mathcal{M}(l)\backslash\mu} \hat{\rho}_{\nu l}(x_l) \tag{47}$$

$$\hat{\rho}_{\mu l}(x_l) \propto \sum_{\boldsymbol{x}_\mu \backslash x_l} \exp[\phi_\mu(\boldsymbol{x}_\mu)] \prod_{j \in \mathcal{L}(\mu)\backslash l} \rho_{\mu j}(x_j) \tag{48}$$

$$\Lambda_{\mu l}(x_l) = \alpha_l \prod_{\mu \in \mathcal{M}(l)} \hat{\rho}_{\mu l}(x_l) \tag{49}$$

となる．ただし，α_μ, α_l はそれぞれ $Q_\mu(\boldsymbol{x}_\mu), Q_l(x_l)$ を分布関数とするための規格化定数である．式(47), (48)の $\propto$ は定数倍の不定性を除いて定まるという意味であり $=$ としてもよい．

これらを見ると $Q_\mu(\boldsymbol{x}_\mu), Q_l(x_l)$ および $\Lambda_{\mu l}(x_l)$ はラグランジュ未定乗数 $\rho_{\mu l}(x_l)$ および $\hat{\rho}_{\mu l}(x_l)$ に従属しており，本質的な条件は式(47)および(48)であることがわかる．式(47)を(48)に代入すると BP(18)があらためて導出される．

ただし，これはすでに式(18)を得ているから「導出できる」のであり，この種の非線形方程式の解法としては同期的な反復

$$\rho_{\mu l}^{n+1}(x_l) = \prod_{\nu \in \mathcal{M}(l) \backslash \mu} \hat{\rho}_{\nu l}^{n}(x_l) \tag{50}$$

$$\hat{\rho}_{\mu l}^{n+1}(x_l) = \sum_{\boldsymbol{x}_\mu \backslash x_l} \exp\left[\phi_\mu(\boldsymbol{x}_\mu)\right] \prod_{j \in \mathcal{L}(\mu) \backslash l} \rho_{\mu j}^{n}(x_j) \tag{51}$$

を用いるほうが一般的であろう．また，式(50)を式(51)に代入すると $\rho_{\mu l}^{n}(x_l)$ のみで表わされる更新式

$$\hat{\rho}_{\mu l}^{n+1}(x_l) = \sum_{\boldsymbol{x} \backslash x_l} \exp\left[\phi_\mu(\boldsymbol{x}_\mu)\right] \times \prod_{j \in \mathcal{L}(\mu) \backslash l} \prod_{\nu \in \mathcal{M}(j) \backslash \mu} \hat{\rho}_{\nu j}^{n}(x_j) \tag{52}$$

にまとめることもできる．

式(52)は BP(18)の全要素に対する同期的更新に他ならない．ジャンクションツリーに対しては，与えられた順序関係に沿って計算結果が更新されていくので，順序関係に沿って 1 時刻に 1 要素ずつ更新する式(18)も，毎回全要素を更新する式(52)も，更新がグラフを一通り伝播してしまえば同じ結果を与える(図 6(a), (b)参照)．よって，1 時刻あたりの計算量が，式(18)と比較して要素数程度倍増する式(52)は必ずしも効率的な計算法とはいえない．しかしながら，以下に示すように，そのもとになる式(50), (51)には，ジャンクションツリーではない一般のグラフに対しても汎用的近似アルゴリズムとして利用できる，という利点がある．

(c) ループのあるグラフとベーテ近似

さて，以上の結果はすべてジャンクションツリーに対して得られたもの

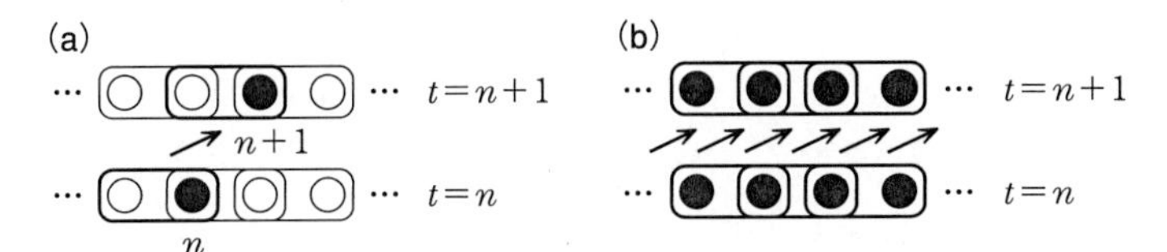

図 6　1 次元鎖に対するアルゴリズム(18)および(52)の動作．$\hat{\rho}_{Li}(x_i)$ に関する更新を図示している．(a)式(18)では各時刻 1 つの変数だけが左から右へ伝播していき $t=$ 要素数 となった時点で停止する．(b)式(52)では各時刻すべての変数が左から右へ伝播していく．ここに示した 1 次元鎖のようにループのないグラフでは，順序に沿って計算結果が塗り替えられていくので，端点での初期条件が同じである限り，2 つのアルゴリズムは同じ結果を与える．したがって，1 更新あたりの計算コストの少ない式(18)のほうが優れている．しかしながら，式(18)はループを含まず要素間の順序が定義可能なグラフにしか適用できない．一方，式(52)は順序付けを必要とせずループを含むグラフにでも実行可能である．

である．これらに基づきループのある一般のグラフに対して近似アルゴリズムを構成しよう．

ここで，ラグランジュ未定乗数を導入した最終的なコスト関数の式(44)をもう一度見直してみると，そのグラフ構造に対する依存性がクリークおよび要素を表わす添字 μ および l という局所的な構造に対するものだけであることがわかる．つまり，式(**44**)はジャンクションツリーであるか否かに関係なく，任意のグラフに対し定義可能な量である．ただし，$\mathbf{KL}(\boldsymbol{Q},\boldsymbol{P})$ に対応する部分は **KL** ダイバージェンスという意味を失い，式(**39**)右辺の展開式を代入する．

それでも，グラフ構造が何らかの意味でジャンクションツリーと近ければ式(44)も KL ダイバージェンスの最小化と同じような意味をもつことが期待される．そこで，この関数の極値条件により，$Q_\mu(\boldsymbol{x}_\mu)$ および $Q_l(x_l)$ を定め，近似的な統計計算を行う方法が考えられる．この近似法は物理学においてベーテ(Bethe)近似とよばれるものに対応する．よって，以下でもそうよぶことにしよう．極値を簡便に求めるには，式(50)および(51)を反復し，その収束解を探索すればよい．この反復解法は，ループのあるグラフに対する BP(と似たアルゴリズム)と考えられるので，しばしばルーピービリーフプロパゲーション(loopy belief propagation, LBP)などとも称される．LBP(50), (51)はグラフの繋がりに関する局所的な考察を行っていないにもかかわらずグラフを各要素について局所的に木構造で近似した形式となっていることは興味深い．

ここで，先程述べたBP(18)とLBP(50), (51)との差異を一般のグラフに対してもう一度考察してみよう．

BP(18)はジャンクションツリーに対してグラフを一度伝播するだけで解を求めることのできる効率的なアルゴリズムである．しかしながら，ループの存在というグラフの大域的な構造に対し敏感である．たとえループが1つ存在するだけでも，要素間に順序関係を導入することができなくなり，アルゴリズムの実行は不可能になる．

それに対し，LBP(50), (51)はグラフ内にループが存在しても，アルゴリズムを書き下し，実行することが可能である．つまり，ジャンクションツリーに対しては必ずしも効率的ではないが，グラフの構造に対して頑健である．それゆえ，任意のグラフに適用できる近似アルゴリズムとして利用できるのである．

ただし，一般のグラフに対する極値条件は必ずしもコスト関数の最小(極小)解には対応しない．そのため，得られた収束解が真のコストに対する上界や下界を与える保証はない．

(d) 誤り訂正符号への応用例

実問題レベルでベーテ近似が有効に働く適用例の1つに，誤り訂正符号の復号問題がある．ただし，従来，符号理論と統計学は独立に発展してきたため，統計計算に関する近似アルゴリズムの適用例として，誤り訂正符号が登場することに，驚かれる読者も少なくないかもしれない．そこで，詳細に入る前に，(線形)誤り訂正符号の枠組みを手短に記しておこう．

線形符号の枠組み

情報通信に付随する普遍的な問題の1つにノイズによって生じる誤りがある．誤り訂正符号とは情報表現を冗長にすることで情報伝達の際に生じる誤りを訂正するための符号化技術である．以下では，K ビットの 2 値 $(0,1)$ ベクトル $\boldsymbol{x}=(x_1, x_2, \cdots, x_K)$ を送信すべき原情報とし，これを線形変換で $N(>K)$ ビットの 2 値ベクトル（符号語）$\boldsymbol{y}^0=(y_1^0, y_2^0, \cdots, y_N^0)$ へ符号化する線形符号を考える（図 7）．

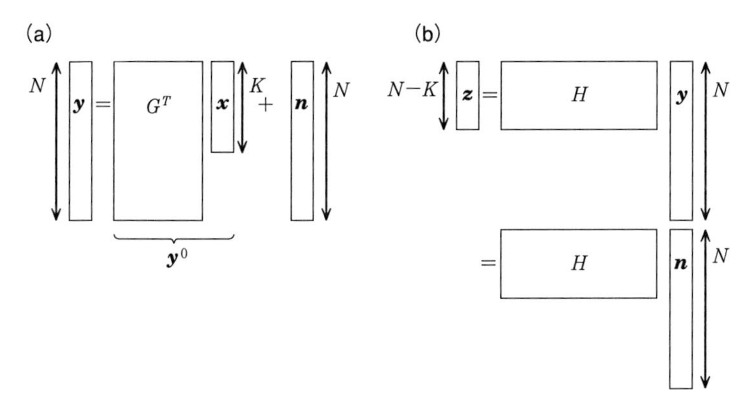

図 7　線形符号の(a)符号化と(b)復号．(a)$N \times K$ の生成行列 G^T を用いて K ビットの原情報 $\boldsymbol{x}$ を N ビットの符号語 $\boldsymbol{y}^0=G^T\boldsymbol{x}$ (mod 2) に変換する．$\boldsymbol{y}^0$ に N ビットのノイズベクトル $\boldsymbol{n}$ が加わり，劣化された符号語 $\boldsymbol{y}$ が受信される．(b)$\boldsymbol{y}$ に左から H を掛けてシンドローム $\boldsymbol{z}=H\boldsymbol{y}$ (mod 2) を計算する．生成行列 G^T とパリティ検査行列 H との間に $HG^T=0$ (mod 2) が成り立つことから，$H\boldsymbol{y}=H(G^T\boldsymbol{x}+\boldsymbol{n})=H\boldsymbol{n}$ (mod 2) である．このことを利用し，パリティ検査方程式 $\boldsymbol{z}=H\boldsymbol{n}$ (mod 2) に基づき，ノイズベクトル $\boldsymbol{n}$ を推定して誤りを訂正する．N 個の未知変数からなる $\boldsymbol{n}$ に対して，パリティ検査方程式には $N-K$ 個の条件しか含まれていない．そのため，この方程式のみでは解は不定となる．そこで，ベイズの公式に従って，事後分布を評価することにより，ノイズの発生確率 p を統計的な拘束条件として導入する．これにより，さまざまな目的に応じた復号戦略が導かれる．たとえば，符号理論で主に考察される最尤復号（1 となるビット数が最小になるようにパリティ検査方程式を解く復号法）とは，真のノイズベクトルと推定したノイズベクトルが一致する確率を最大化する MAP 推定に他ならない．それに対し，ベーテ近似(LBP)によるギャラガー符号の復号は，ビットごとに真のノイズと推定したノイズが一致する確率を最大化する MPM 推定値の近似探索である．

線形符号は，0 または 1 を成分とする $(N-K)\times N$ のパリティ検査行列 H によって定義される．H が与えられると

$$HG^T = 0 \pmod 2 \tag{53}$$

を満たす，0 または 1 を成分とする $N\times K$ の生成行列 G^T を構成することができる．ただし，(mod 2) は整数に対して 2 で割った余り(0 または 1)を答えとする演算を表わす．線形符号では，この生成行列 G^T を用いて K ビットの原情報 $\boldsymbol{x}$ を N ビットの符号語

$$\boldsymbol{y}^0 = G^T\boldsymbol{x} \pmod 2 \tag{54}$$

へと符号化する．T は転置を表わす．

受信者は $\boldsymbol{y}^0$ ではなく，ノイズによって誤りの生じたベクトル $\boldsymbol{y}=(y_1,y_2,\cdots,y_N)$ を受信する．簡単のため，ノイズとしては各ビット，独立に確率 $0<p<1/2$ で値が反転するようなものを考える．このようなノイズで特徴づけられる通信路を **2 元対称通信路**(binary symmetric channel, BSC)という．受信者は，誤りを含む符号語 $\boldsymbol{y}$ から，原情報 $\boldsymbol{x}$ を推定(復号)しなければならない．この作業は符号語にパリティ検査行列 H を左から掛け，シンドローム $\boldsymbol{z}=H\boldsymbol{y}$ (mod 2) を計算し，方程式

$$\boldsymbol{z} = H\boldsymbol{y} = H(G^T\boldsymbol{x}+\boldsymbol{n}) = H\boldsymbol{n} \pmod 2 \tag{55}$$

からノイズベクトル $\boldsymbol{n}$ を推定することで行われる．ここで，生成行列 G^T とパリティ検査行列 H について $HG^T=0$ (mod 2) が成り立つことを利用した．原情報 $\boldsymbol{x}$ は，ノイズベクトルの推定値 $\hat{\boldsymbol{n}}$ が得られた後，$G^T\boldsymbol{x}=\boldsymbol{y}-\hat{\boldsymbol{n}}$ (mod 2) から求められる．

パリティ検査方程式(55)からのノイズ $\boldsymbol{n}$ の推定は一般に計算量的に困難な問題である．それゆえ，従来の符号研究ではビット長の長い符号の実用化は困難と考えられてきた．ところが，近年，低密度パリティ検査符号(low-density parity-check codes, LDPCC)とよばれる符号族に関しては，数万程度の長いビット長に対しても LBP(ベーテ近似)によって実際的時間での復号が可能であることが認識されてきた．しかも，大規模な実験によって，現存する符号のうちほぼ最高の誤り訂正能力を有することが明らかにされ

ため，LDPCC は現在もっとも精力的に研究されている符号の 1 つとなっている．以下では，代表的な LDPCC であるギャラガー(Gallager)符号に対して，ベーテ近似による復号アルゴリズムを導出する．

ギャラガー符号は 0,1 の要素からなる $(N-K)\times K$ 疎行列 C_1 と $(N-K)\times(N-K)$ の可逆な疎行列 C_2 を横に連接し，パリティ検査行列が $H=(C_1C_2)$ で与えられる符号である*6．ここで，疎行列とは値が 1 となる要素数の割合が少ない行列という意味である．以下では，C_1, C_2 はそれぞれ各列あたり，$j\,(=2,3,\cdots)$ 個の要素だけが 1 となり，各行あたりでは 1 の個数がなるべく均等になるようにランダムに構成された行列であるとし，ビット長 K, N は十分大きな状況を考える．以上のように構成されたパリティ検査行列 H に対しては，$K\times K$ 単位行列 I_K と $(N-K)\times K$ 行列 $C_2^{-1}C_1$ を縦に連接した $G^T=\begin{pmatrix} I_K \\ C_2^{-1}C_1 \end{pmatrix}$ によって生成行列が構成される*7．ただし，逆行列は (mod 2) の演算に対して定義する．

ギャラガー符号に対して，パリティ検査方程式(55)からの $\boldsymbol{n}$ の推定を考えよう．このとき，$\boldsymbol{n}$ の各成分が 2 元対称通信路から生成されるという仮定を事前確率の形で利用できるので，ベイズ統計による定式化が有用である．また，ここまでは，$(0,1)$ を用いて 2 値情報を表現してきたが，具体的な計算では，画像修復の場合と同様，$(+1,-1)$ を用いた表現のほうが便利である．そこで，同型変換 $\{0,1,+(\mathrm{mod}\ 2)\}\leftrightarrow\{+1,-1,\times\}$ を用いてすべての変数を $(+1,-1)$ によって表現しなおす．

具体的には以下のようになる．まず，$(0,1)$ 表示では各要素 $n_l=0,1$ となる確率が独立にそれぞれ $1-p,\,p$ であるという事前確率は，$(+1,-1)$ 表示を用いると $F=(1/2)\ln[(1-p)/p]$ を用いて

---

*6　この構成法はギャラガーによる原著(Gallager, 1963)ではなく，最近の文献(MacKay, 1999)に従っている．

*7　このように生成行列を構成すると，$HG^T=(C_1C_2)\begin{pmatrix} I_K \\ C_2^{-1}C_1 \end{pmatrix}=(C_1I_K+C_2C_2^{-1}C_1)$ $=(C_1+C_1)=0\ (\mathrm{mod}\ 2)$ となることに注意．

$$P(\boldsymbol{n}) = \frac{\exp\left[F\sum_{l=1}^{N} n_l\right]}{(2\cosh F)^N} \tag{56}$$

となる．また，ノイズ $\boldsymbol{n}$ に対してシンドローム $\boldsymbol{z}$ は確定的に与えられるのでパリティ検査行列 H に対する条件付き確率 $P(\boldsymbol{z}|\boldsymbol{n})$ は $(0,1)$ 表示では $H\boldsymbol{n}=\boldsymbol{z}$ (mod 2) ならば 1，それ以外は 0 となるデルタ関数 $\delta(H\boldsymbol{n}=\boldsymbol{z})$ となるが，$(+1,-1)$ 表示では

$$P(\boldsymbol{z}|\boldsymbol{n}) = \prod_{\mu=1}^{N-K}\delta\Big(z_\mu;\prod_{l\in\mathcal{L}(\mu)} n_l\Big) = \prod_{\mu=1}^{N-K}\frac{1+z_\mu\prod_{l\in\mathcal{L}(\mu)} n_l}{2} \tag{57}$$

のように簡単に表現できる．ただし，μ はパリティ検査符号 H の行番号を，$\mathcal{L}(\mu)$ は H の μ 番目の行に含まれる 1 である要素の列添字が作る集合をそれぞれ表わす．

事前分布(56)および条件付き確率(57)よりシンドローム $\boldsymbol{z}$ を得た後の事後分布は

$$P(\boldsymbol{n}|\boldsymbol{z}) = \frac{P(\boldsymbol{z}|\boldsymbol{n})P(\boldsymbol{n})}{\sum_{\boldsymbol{n}} P(\boldsymbol{z}|\boldsymbol{n})P(\boldsymbol{n})} \tag{58}$$

となる．事後分布(58)が与えられると，画像修復の場合と同様の議論からさまざまな目的関数についての最適復号戦略が求まる．ここでは，真のノイズとその推定値がビットごとに一致する確率を最大にする MPM 復号を考えることにしよう．画像修復の問題と同様，この復号は事後分布に関する各ノイズ成分の平均値

$$\langle n_l\rangle = \sum_{\boldsymbol{n}} n_l P(\boldsymbol{n}|\boldsymbol{z}) \tag{59}$$

を計算し

$$\hat{n}_l = \mathrm{sign}(\langle n_l\rangle) \tag{60}$$

を推定結果とする復号法である．

平均値(59)の計算は困難であるので，ベーテ近似を用いて近似的に評価する．そのために，μ 番目のパリティを構成する要素の組をクリークに，l 番目のノイズ成分を要素にそれぞれ対応させて，ラグランジュ未定乗数

$$\rho_{\mu l}(n_l) \propto \frac{1+m_{\mu l}n_l}{2} \tag{61}$$

$$\hat{\rho}_{\mu l}(n_l) \propto \frac{1+\hat{m}_{\mu l}n_l}{2} \tag{62}$$

を導入する．$m_{\mu l}, \hat{m}_{\mu l}$ は 2 状態 $n_l = \pm 1$ に対して定義されるラグランジュ未定乗数 $\rho_{\mu l}(n_l), \hat{\rho}_{\mu l}(n_l)$ を特徴づけるパラメータである．

パリティ検査行列 H により決まる統計モデル(58)のグラフには一般にループが存在するが，前節の議論に従い，上記のラグランジュ未定乗数を式(50), (51)に代入すると $m_{\mu l}, \hat{m}_{\mu l}$ に関する反復式

$$m_{\mu l}^{n+1} = \tanh\Bigl(F + \sum_{\nu \in \mathcal{M}(l)\backslash \mu} \tanh^{-1} \hat{m}_{\nu l}^{n}\Bigr) \tag{63}$$

$$\hat{m}_{\mu l}^{n+1} = z_\mu \prod_{k \in \mathcal{L}(\mu)\backslash l} m_{\mu k}^{n} \tag{64}$$

が得られる．ただし，$\mathcal{M}(l)$ は H の l 列目で 1 である要素の行添字が作る集合を表わす．式(63)および(64)を反復させることにより，n 回目の反復時における平均値(59)のベーテ近似による評価値

$$\langle n_l \rangle = \tanh\Bigl(F + \sum_{\mu \in \mathcal{M}(l)} \tanh^{-1} \hat{m}_{\mu l}^{n}\Bigr) \tag{65}$$

が求まる．以上が，ギャラガー符号の復号アルゴリズムである．図 8 に $K=256$, $N=512$, $j=3$ の場合に対する，符号化と式(63), (64)の反復による復号過程の例を示す．

パリティ検査行列 H の各行，各列あたりの要素数が高々 $O(1)$ であることから，反復式(63)および(64)の評価は，1 更新あたり $O(N)$ 程度の計算量で可能である．つまり，ギャラガー符号(より一般には LDPCC)はベーテ近似により，高々，ビット長に比例する程度の計算量で復号できる．

必要計算量がビット長程度であるということは，一度に符号化するビットの長さを短くしても，長くしても，全体としての計算量はそれほど変わらないことを意味する．一方，ギャラガー符号の誤り訂正能力は，一般にビット長を長くするほど高まることが知られている．つまり，復号という側面のみを考えると，できるだけ長い符号を用いるほうが望ましい．目的にもよるが，これまでの実験研究によると，ギャラガー符号を含めて LDPCC

図 8 ギャラガー符号の(a)符号化と(b)復号過程．一部，慶應義塾大学，中村一尊氏の協力による．(a)$j=3$ のギャラガー符号を用いて，$K=16\times 16=256$ ビットの原情報(T 字) を $N=512$ ビットの符号語に符号化し，$p=0.05$ の 2 元対称通信路で劣化させた．画素の白黒がビット値 0,1 にそれぞれ対応している．図 5 とは異なり，画素間の近傍関係にはとくに意味はなく，$K=256$ ビットを 1 列に並べた原情報を $N(=512)\times K(=256)$ の生成行列で符号化し，それを 32×16 の画像として表現している．上半部が単位行列 I_K になるように生成行列 G^T を構成しているので，符号語は原情報と，それに $C_2^{-1}C_1$ を掛けて得られる冗長ビットを連接したものになる．(b) 式 (63) および (64) の反復による復号過程．反復を繰り返すことで徐々に誤りが修正され，20 回の反復で誤りが完全に除去される．

が他の符号を凌駕する高い誤り訂正能力を得るためには，数万程度のビット長が必要とされる．定性的には，これは以下のような理由によると推察される．

パリティ検査行列 H がランダムに構成されることから，ギャラガー符号に対応するグラフは，クリークがランダムに連結したランダムグラフとなる．統計的な考察によると，クリークが $O(1)$ 程度の要素で構成される典型的なランダムグラフに対し，ループの長さは平均的に $O(\ln N)$ で増加する．このことは，ビット長を長くするにつれて，各要素に加わる自己の影響が小さくなり，グラフは実質的にジャンクションツリーと似た性質をもつようになることを示唆する．それゆえ，ジャンクションツリーに対して正解を導くベーテ近似が，ビット長が長ければ長くなるほど，ギャラガー符号の復号アルゴリズムとして有効に働く，と期待されるのである．逆にいえば，短いビット長ではループの影響が大きくなるため，ベーテ近似の精度は悪化すると考えられる．

ただし，最悪 $O(N^2)$ の計算量が必要となる符号化コストや，種々のハード的制約のため，現実的な用途に対して，ビット長を無制限に長くすることは必ずしも容易ではない．

2.4 文献と補遺

グラフィカルモデルにおける近似計算という観点から，平均場近似の導出を試みた．計算量に関する問題では，一般に，最悪評価として計算量的に困難となる問題クラスでも，特殊な部分クラスに限れば容易に解けてしまう場合がある．平均場近似とは，大規模な分布に関する統計計算に関して，この特殊な部分クラスの性質を利用し，一般の問題を近似的に解こうとする計算手法である．

統計計算が容易になるグラフ構造に関しては，古くからさまざまな分野で断片的な知見が得られていたが，それらを汎用的なアルゴリズムの形で初めて明確に示したのは Pearl(1988)である．ただし，Pearl(1988)ではグラフによる確率因果則の表現法についても強調した議論を行っているため，アルゴリズムの側面のみを考察したい場合には記述が必要以上に繁雑な印象を受ける．計算の構造のみを考察するのであれば因果関係を明示しないポテンシャル関数から出発する Lauritzen と Spiegelhalter(1988)の議論のほうが簡潔であり，本章もその流儀に従っている．Pearl(1988)，Lauritzen と Spiegelhalter(1988)ともループのないグラフに対する効率的な統計計算アルゴリズムを示すとともに，ループのあるグラフに対しては本章の立場とは異なり，変数の追加，結合などによりループのないグラフ構造に変換し効率的な計算を行う工夫を追求している．なお，グラフィカルモデル一般の解説および確率的な因果律のグラフ表現の解説は，本シリーズ第1巻(竹村，2003)，第5巻(狩野，2002; 佐藤，松山，2002)にもそれぞれ含まれている．

ナイーブ平均場近似は，磁性体の研究において各要素に加わる他要素からの影響を，その平均量を用いて近似する手法として 20 世紀初頭に導入された(Weiss, 1907)．歴史的には，その近似精度を改良するために導入された近似法がベーテ近似である(Bethe, 1935)．さらに近似の精度を高めた手法を含め，磁性体モデルの解析手法としての平均場近似は小口(1970)に詳しい記述がある．ただし，統計モデルとしては特殊である均質な相互作用をもつ系を前提に記述されているため，本章で示したものとはかなり異なった手法に見えるかもしれない．

他要素からの影響を要素ごとに微視的に近似するのではなく，要素全体に依存した分布間の距離に基づいて，巨視的な立場から平均場近似を導入する方法は，Feynman(1972)などに見られる．また，著者の知る範囲でナイーブ平均場近似と KL ダイバージェンスの最小化との関係を明言している教科書は Parisi(1988)が有名である．

統計力学においては KL ダイバージェンスではなく，熱力学との対応が容易な自由エネルギーに基づいて議論を進めることが多い．そのため，平均場近似を系統的に導出する枠組みは，自由エネルギーの近似法として定式化されるほうが親しみやすい．物理系としては標準的である規則的な格子系を主な対象として，与えられた格子を基本的なまとまり(クラスター)に分解し自由エネルギーを近似するクラスター変分法はナイーブ平均場近似，ベーテ近似を含めてさまざまな近似法を統一的な視点から導出できる強力な枠組みである(Morita *et al.*, 1994)．本章での導出は情報処理への応用を念頭においているため KL ダイバージェンスに基づいているが，本質的な部分ではクラスター変分法と共通するところが多い．

平均場近似が多用される物理系では，実験結果と対比することで，その近似の善し悪しや対象に備わる特性との相性を調べることができる．そのため，ある程度の経験則がすでに得られており，平均場近似は定性的には信用のおけるオーソドックスな解析手法として定着している．

一方，情報処理における平均場近似は，代替手段で正解が得られない対象に適用することが多くなる．その意味で，結果の信頼性に関してより慎重な姿勢が必要とならざるを得ない．当面は，解析解の求まるモデルでの検討(西森，1999; 樺島，2002)や，実問題に対する事例研究(Jordan, 1998; Opper and Saad, 2001)を積み重ねることで，問題の特徴と個々の近似手法との相性に関する経験則を得ることが重要であろう．

3 EM 法

統計的学習の目的は，対象とする問題において仮定した統計モデルの未知パラメータを推定し，将来観測されるであろうデータを予測することである．統計モデルはモデルを数式で表現する数理モデルであるが，データを規定する変数に何らかの不規則性があり，その不規則性をある確率分布に従う確率変数として表現する点が統計モデルの特徴である．

統計モデルの変数は，直接データとして観測される**観測変数**(observed variable)と本来直接観測不可能な**潜在変数**(latent variable)とに大別される．観測変数は**顕在変数**(manifest variable)ともよばれ，潜在変数は**隠れ変数**(hidden variable)ともよばれる．潜在変数を導入することによって，より柔軟なモデルを構成することができる．潜在変数を含む統計モデルは数多く存在する．たとえば，混合分布推定問題の場合，観測データはどの要素分布から生成されたかは本来観測できない．他にも音声認識等で著名な隠れマルコフモデル，時系列解析で用いられる状態空間モデル，さらには，クラスタリングと次元圧縮を同時に行う因子分析モデルなども潜在変数をもつモデルである．これら潜在変数をもつ統計モデルのモデルパラメータの最尤推定値を求めるための一般的数値解法が，Dempster，Laird，Rubin によって 1977 年に考案された **EM 法**である．本章では EM 法の基本原理および最近の新展開について述べる．本章は次章の変分ベイズ法の導入でもある．

3.1　不完全データからの最尤推定

観測データ集合を D，観測データのそれぞれに対応する潜在変数からなる集合を Z とする．この時，D を不完全データ，(D, Z) を**完全データ**（complete data）とよぶ．潜在変数が離散値をとるものとし，完全データの確率分布が $p(D, Z; \theta)$（θ は未知パラメータ）と与えられているものとすると，観測データ（不完全データ）に対する**対数尤度関数**（log-likelihood function）は次式で定義される[*8]．

$$\mathcal{L}(\theta; D) = \log p(D; \theta) = \log \sum_{Z} p(D, Z; \theta) \tag{66}$$

なお，式(66)の最右辺に示すように，Z に関して周辺化されているので，潜在変数を含む統計モデルにおける上記尤度関数は**周辺尤度関数**ともよばれる．

観測データ D が与えられた下での未知パラメータ θ の**最尤推定値**（maximum likelihood estimator）は対数尤度関数 $\mathcal{L}$ を最大化するパラメータ値：

$$\hat{\theta} = \underset{\theta}{\operatorname{argmax}} \, \mathcal{L}(\theta; D)$$

として定義される．ここに記号 $\underset{x}{\operatorname{argmax}} \cdots$ は $\cdots$ を最大化する変数を表わす．最尤推定値とは直観的には，観測データ D をもっとも支持するパラメータ値である．ただし，最尤推定法ではその「支持度」を対数尤度関数[*9]で評価する．

上記最大化は非線形最適化問題に属し解析的に解くことができない．ニュートン法などの非線形最適化手法の利用も可能であるが，より効率的な解法として次節で述べる EM 法がある．

＊8　潜在変数が連続値（実数）の場合は，和を積分に置き換えればよく，それ以外は以下の本文と同様な議論展開となる．

＊9　対数をとるのは数学的に取り扱いやすくするためである．対数関数は単調増加関数ゆえ，言うまでもなく，対数をとっても最尤推定値は何ら変わらない．

3.2 EM 法

(a) 完全データ対数尤度関数の最大化

EM 法では式(66)の対数尤度関数を直接最大化する代わりに，完全データの対数尤度関数の条件付き期待値の最大化を行う．実際の応用で用いられる統計モデルの多くは指数分布族に属す．指数分布族の場合，式(66)の不完全データの対数尤度関数と異なり，完全データの対数尤度関数が不完全データの対数尤度関数よりも簡単な式になるという利点がある．

EM 法は 2 種類のステップの逐次反復により最尤推定値を求める．今，第 t 反復でのパラメータの推定値を $\theta^{(t)}$ とすると，まず，期待値計算ステップ(E ステップ)で完全データ対数尤度関数 $\log p(D,Z|\theta)$ の条件付き期待値

$$
\begin{aligned}
Q(\theta|\theta^{(t)}) &= E\{\log p(D,Z;\theta)|D;\theta^{(t)}\} \\
&= \sum_{Z} P(Z|D;\theta^{(t)}) \log p(D,Z;\theta) \qquad (67)
\end{aligned}
$$

を計算する[*10]．ここで記号 $E\{f(x)|y\}$ は y が与えられた下での $f(x)$ の条件付き期待値を表わす．$P(Z|D;\theta^{(t)})$ は D を観測した下での Z の事後分布で，ベイズの定理より次式で計算される．

$$
P(Z|D;\theta^{(t)}) = \frac{P(D,Z;\theta^{(t)})}{\sum_{Z} P(D,Z;\theta^{(t)})} \qquad (68)
$$

E ステップでの Q 関数の計算は，直観的には，現在のパラメータ推定値に基づいて算出される潜在変数の事後分布 $P(Z|D;\theta^{(t)})$ をその信頼度として不完全情報を暫定的に補っていると解釈できる．次いで，最大化ステップ(M ステップ)で Q 関数を最大化する θ を第 $t+1$ 反復でのパラメータの推定値とする．これら EM ステップを収束条件が満たされるまで繰り返す．

---

*10 本文では確率変数 x が連続値(離散値)をとる場合，x の分布を $p(x)$ $(P(x))$ として表記上区別している．

EM 法

初期化　初期値 $\theta^{(0)}$ を設定し，$t \leftarrow 0$ とする．

反復計算　以下を収束するまで繰り返す．

E ステップ　$Q(\theta|\theta^{(t)})$ を計算．

M ステップ　$\theta^{(t+1)} = \underset{\theta}{\operatorname{argmax}}\, Q(\theta|\theta^{(t)})$ とし，$t \leftarrow t+1$ とする．

(b)　EM 法の正当性

上記 EM ステップが対数尤度関数を単調増大させる数理的根拠を以下に説明する．

今，第 t 反復でのパラメータの推定値を $\theta^{(t)}$ とする．Z の事後分布 $P(Z|D;\theta^{(t)})$ を $p(D,Z;\theta)$ に乗算，かつ，除算する．

$$\log p(D;\theta) = \log \sum_Z P(Z|D;\theta^{(t)}) \frac{p(D,Z;\theta)}{P(Z|D;\theta^{(t)})} \tag{69}$$

式(69)の右辺は $p(D,Z|\theta)/P(Z|D;\theta^{(t)})$ を事後分布 $P(Z|D;\theta^{(t)})$ で期待値をとった式と見なせる．すなわち，

$$\sum_Z P(Z|D;\theta^{(t)}) \frac{p(D,Z;\theta)}{P(Z|D;\theta^{(t)})} = E_Z\left\{ \frac{p(D,Z;\theta)}{P(Z|D;\theta^{(t)})} \middle| D, \theta^{(t)} \right\} \tag{70}$$

さらに対数関数に関する Jensen の不等式 $\log E\{f(x)\} \geq E\{\log f(x)\}$ を用いると式(69)の右辺は以下のように変形でき，対数尤度関数の下限値を得る．

$$\begin{aligned} \log p(D;\theta) &= \log E_Z\left\{ \frac{p(D,Z;\theta)}{P(Z|D;\theta^{(t)})} \middle| D, \theta^{(t)} \right\} \\ &\geq E_Z\left\{ \log \frac{p(D,Z;\theta)}{P(Z|D;\theta^{(t)})} \middle| D, \theta^{(t)} \right\} \\ &= \sum_Z P(Z|D;\theta^{(t)}) \log \frac{p(D,Z;\theta)}{P(Z|D;\theta^{(t)})} \end{aligned} \tag{71}$$

ただし，$\theta^{(t)}$ は定数だが，θ は定義域の任意の値をとってよい．すなわち下限値は θ の関数になる．また，$P(Z|D;\theta^{(t)})$ はベイズの定理より

$$P(Z|D;\theta^{(t)}) = \frac{p(D,Z;\theta^{(t)})}{\sum_Z p(D,Z;\theta^{(t)})} \tag{72}$$

により計算される．式(71)の右辺の最終行(対数尤度関数の下限値)を $\mathcal{F}(\theta|\theta^{(t)})$ とおき，$\log p(D;\theta) - \mathcal{F}(\theta|\theta^{(t)})$ を計算することにより，

$$\log p(D;\theta) = \mathcal{F}(\theta|\theta^{(t)}) + \mathrm{KL}(P(\cdot|D;\theta^{(t)}), P(\cdot|D;\theta)) \tag{73}$$

を得る．ここで KL 項は分布 P, Q の間の距離を表わす前章で導入された KL ダイバージェンス

$$\mathrm{KL}(P,Q) = \sum_X P(X)\log\frac{P(X)}{Q(X)}$$

である．式(73)と式(73)で $\theta=\theta^{(t)}$ とおいた式とを辺々引くと次式を得る．

$$\begin{aligned}\log p(D;\theta) - \log p(D;\theta^{(t)}) &= \mathcal{F}(\theta|\theta^{(t)}) - \mathcal{F}(\theta^{(t)}|\theta^{(t)}) \\ &\quad + \mathrm{KL}(P(\cdot|D;\theta^{(t)}), P(\cdot|D;\theta))\end{aligned} \tag{74}$$

KL 項は非負ゆえ，$\mathcal{F}(\theta|\theta^{(t)}) > \mathcal{F}(\theta^{(t)}|\theta^{(t)})$ の時，$\log p(D;\theta) > \log p(D;\theta^{(t)})$ となる．また，式(67),(70)より次式が成り立つ．

$$\mathcal{F}(\theta|\theta^{(t)}) = Q(\theta|\theta^{(t)}) - \sum_Z P(Z|D;\theta^{(t)})\log P(Z|D;\theta^{(t)}) \tag{75}$$

式(75)の右辺第 2 項は θ に無関係ゆえ，$\mathcal{F}(\theta|\theta^{(t)})$ の θ に関する最大化は Q 関数の θ に関する最大化と等価である．ゆえに，上記 EM ステップにおいて Q 関数を単調増加させることにより対数尤度関数の単調増大性が保証される．そして，対数尤度関数の上限値が存在する限り，EM 法は対数尤度関数の局所最適値に収束する．

(c) 混合分布推定問題への応用例

EM 法の具体的応用例として混合正規分布推定問題をとりあげる．

混合正規分布とは m 個の正規分布を混合比 α_i ($\alpha_i > 0$, $\sum_i \alpha_i = 1$) で混合した確率モデルで次式で定義される．

$$p(\boldsymbol{x};\theta) = \sum_{i=1}^m \alpha_i \mathcal{N}(\boldsymbol{x};\boldsymbol{\mu}_i,\Sigma_i), \quad \alpha_i > 0,\ \sum_{i=1}^m \alpha_i = 1 \tag{76}$$

未知パラメータは $\theta = \{\alpha_i, \boldsymbol{\mu}_i, \Sigma_i\}$ で $\mathcal{N}(\cdot;\boldsymbol{\mu},\Sigma)$ は平均ベクトル $\boldsymbol{\mu}$，共分

散行列 Σ からなる正規分布を表わす．

観測データ集合を $D=\{\boldsymbol{x}_n;\ n=1,\cdots,N\}$ とすると $\boldsymbol{x}_n$ に対する潜在変数 z_n は $\boldsymbol{x}_n$ がどの要素分布から生成されたかを示す指標で $z_n \in \{1,\cdots,m\}$ となる．したがって，$\boldsymbol{x}_n$ と $z_n=i$ の結合分布が $p(\boldsymbol{x}_n, z_n=i;\theta)=\alpha_i\mathcal{N}(\boldsymbol{x}_n;\boldsymbol{\mu}_i,\Sigma_i)$ と書けることに注意すると，EM 法の E ステップにおける Q 関数は次式となる．

$$Q(\theta|\theta^{(t)}) = \sum_{n=1}^{N}\sum_{i=1}^{m} P(i|\ \boldsymbol{x}_n;\theta^{(t)})\log\{\alpha_i\mathcal{N}(\boldsymbol{x}_n;\boldsymbol{\mu}_i,\Sigma_i)\}$$

ただし，$P(i|\ \boldsymbol{x}_n;\theta^{(t)})$ はベイズの定理から次式で計算される．

$$\begin{aligned} P(i|\ \boldsymbol{x}_n;\theta^{(t)}) &= \frac{p(\boldsymbol{x}_n, i;\theta^{(t)})}{\sum_j p(\boldsymbol{x}_n, j;\theta^{(t)})} \\ &= \frac{\alpha_i^{(t)}\mathcal{N}(\boldsymbol{x}_n;\boldsymbol{\mu}_i^{(t)},\Sigma_i^{(t)})}{\sum_{j=1}^{m}\alpha_j^{(t)}\mathcal{N}(\boldsymbol{x}_n;\boldsymbol{\mu}_j^{(t)},\Sigma_j^{(t)})} \end{aligned} \tag{77}$$

M ステップでは Q 関数を各パラメータに関して最大化すべく，$\partial Q(\theta|\theta^{(t)})/\partial\boldsymbol{\mu}_i=\mathbf{0}$ および $\partial Q(\theta|\theta^{(t)})/\partial\Sigma_i^{-1}=\mathbf{0}$ を解くことにより以下のパラメータ更新式を得る．

$$\boldsymbol{\mu}_i^{(t+1)} = \frac{1}{N_i^{(t)}}\sum_{n=1}^{N} P(i|\boldsymbol{x}_n;\theta^{(t)})\boldsymbol{x}_n \tag{78}$$

$$\Sigma_i^{(t+1)} = \frac{1}{N_i^{(t)}}\sum_{n=1}^{N} P(i|\boldsymbol{x}_n;\theta^{(t)})(\boldsymbol{x}_n-\boldsymbol{\mu}_i^{(t+1)})(\boldsymbol{x}_n-\boldsymbol{\mu}_i^{(t+1)})^T \tag{79}$$

また $N_i^{(t)}=\sum_{n=1}^{N} P(i|\boldsymbol{x}_n;\theta^{(t)})$ とする．$N_i^{(t)}$ は第 i 要素分布に帰属するデータ数の期待値に相当する．

α_i に関しては，制約条件 $\sum_i \alpha_i=1$ の下で Q の α_i に関する最大化(ラグランジュ乗数法)より次式を得る．

$$\alpha_i^{(t+1)} = N_i^{(t)}/N \tag{80}$$

$\alpha_i^{(0)}, \boldsymbol{\mu}_i^{(0)}, \Sigma_i^{(0)},\ i=1,\cdots,m$ に適当な初期値を与え，上記更新式を収束するまで反復することにより尤度関数の局所最大値を与えるパラメータ値が得られる．

一方，EM 法に依らず，直接，不完全データ対数尤度関数を最大化しよ

うとすると，

$$\sum_{n=1}^{N} \log \sum_{i=1}^{m} \alpha_i \mathcal{N}(\boldsymbol{x}_n; \boldsymbol{\mu}_i, \Sigma_i)$$

を各パラメータに関して最大化することになる．ところが，上記 Q 関数と異なり，対数をとる関数に i に関する和が含まれているため，積を和に分解できずパラメータ更新式の導出が複雑になる．EM 法における Q 関数では，和操作が対数の外に出されているので，より取り扱いやすい式となる．

3.3 一般化 EM 法

(a) 新たな事後分布の導入

EM 法では Q 関数を計算する際，すべての可能な潜在変数の値に関する和を計算する．この時，潜在変数の取り得る値の数が指数オーダになるとその和を現実的な時間で計算することは困難となる．たとえば，観測データをその原因に対応する潜在変数で回帰して推定する因果ネットワークはその典型例である．因果ネットワークは，図 9 に示すように原因を表わす潜在変数 $Z = (z_1, \cdots, z_K)$ と観測変数 $\boldsymbol{v} = (v_1, \cdots, v_M)$ から成る．因果ネットワークでは観測変数を病気の各症状の有無(1/0)とし，潜在変数を各病気の可能性の有無(1/0)とする．本来は病気という原因があって症状がでるわけであるが，観測されるのは症状のみゆえ，各病気の可能性の有無が潜在変数となる．

図 9 より因果ネットワークにおいて観測データ $\boldsymbol{v}$ に対する尤度関数は

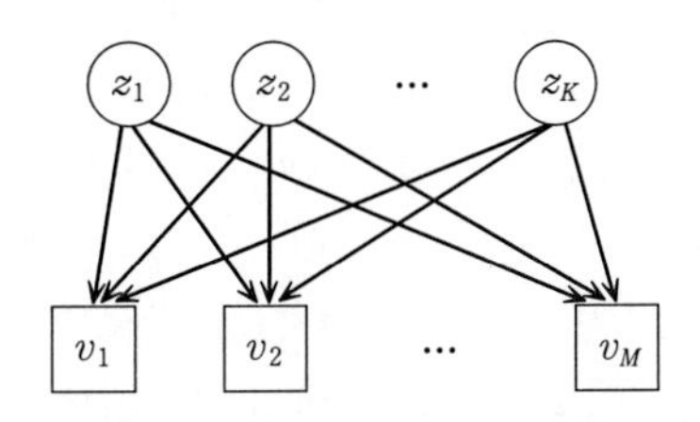

図 9 複数の原因変数を潜在変数とする因果ネットワークのグラフィカルモデル．○は潜在変数，□は観測変数をそれぞれ表わす．矢印は変数の依存関係を示す．

$$P(\boldsymbol{v};\theta) = \sum_{Z} P(\boldsymbol{v}|Z;\theta_v)P(Z;\theta_z) \tag{81}$$

と書ける．ここで，$\theta=(\theta_v,\theta_z)$ はモデルパラメータを表わす．以下では簡単のため 1 つの観測データ $\boldsymbol{v}$ で議論する．この時，EM 法における E ステップでの Q 関数は次式となる．

$$Q(\theta|\theta^{(t)}) = \sum_{Z} P(Z|\boldsymbol{v};\theta^{(t)}) \log P(\boldsymbol{v},Z;\theta) \tag{82}$$

ここで図 9 より $(\boldsymbol{v},Z)$ の同時分布は次式のように書ける．

$$P(\boldsymbol{v},Z;\theta) = \prod_{m=1}^{M} P(v_m|Z;\theta_m^v) \prod_{k=1}^{K} P(z_k;\theta_k^h) \tag{83}$$

また，$P(Z|\boldsymbol{v};\theta^{(t)})$ はベイズの定理から次式で計算される．

$$P(Z|\boldsymbol{v};\theta^{(t)}) = \frac{P(\boldsymbol{v},Z;\theta^{(t)})}{\sum_{Z} P(\boldsymbol{v},Z;\theta^{(t)})} \tag{84}$$

図 9 より明らかなように，v_m は $z_1,\cdots,z_K$ に依存するため

$$P(\boldsymbol{v},Z;\theta) = \prod_{k=1}^{K}\prod_{m=1}^{M} P(v_m,z_k;\theta)$$

とは書けないことに注意．したがって $P(Z|\boldsymbol{v};\theta^{(t)})$ は Z の要素ごとに因数分解できないため，K が数十のオーダーとなると式(82),(84)は $Z=(z_1,\cdots,z_K)$ の値の膨大な組合わせ数(2^K 個)のために，現実的には計算不可能となる．

このような E ステップの計算困難性の問題に対し，E ステップをサンプリングにより近似するモンテカルロ法が適用できるが，依然，膨大な計算を余儀なくされる．一方，近年，**変分近似**(variational approximation)に基づく**一般化 EM 法**(generalized EM(GEM) method)とよばれる決定論的近似法に基づく手法が提案されている．以下これについて説明する．

EM 法の E ステップでは，潜在変数 Z の事後分布 $P(Z|D;\theta)$ を式(84)のベイズの定理から算出したが，一般化 EM 法では，新たなパラメータ ψ をもつ新たな分布 $\tilde{P}(Z|\psi)$ を導入し $P(Z|D;\theta)$ の近似値として用いる．上記因果ネットワークではたとえばベルヌーイ(Bernoulli)分布の積が考えられる．

$$\tilde{P}(Z|\psi) = \prod_{k=1}^{K} \tilde{P}(z_k|\psi_k) = \prod_{k=1}^{K} \psi_k^{z_k}(1-\psi_k)^{1-z_k} \tag{85}$$

式(71)と同様な変形を行うと，

$$
\begin{aligned}
\log p(D;\theta) &= \log \sum_{Z} \tilde{P}(Z|\psi) \frac{p(D,Z;\theta)}{\tilde{P}(Z|\psi)} \\
&\geq \sum_{Z} \tilde{P}(Z|\psi) \log \frac{p(D,Z;\theta)}{\tilde{P}(Z|\psi)} \equiv \mathcal{F}(\tilde{P},\theta) \qquad (86)
\end{aligned}
$$

を得る．したがって $\mathcal{F}(\tilde{P},\theta)$ は対数尤度関数 $\log p(D;\theta)$ の下限値を与える．この時，$\log p(D;\theta) - \mathcal{F}(\tilde{P},\theta)$ は，$\tilde{P}(Z|\psi)$ と $P(Z|D;\theta)$ との KL ダイバージェンスとなることが容易に確認できる．すなわち，

$$
\log p(D;\theta) - \mathcal{F}(\tilde{P},\theta) = \mathrm{KL}(\tilde{P}(\cdot|\psi), P(\cdot|D;\theta))
$$

ゆえに，下限値 $\mathcal{F}$ と $\log p(D;\theta)$ との差をより小さくすることは，KL ダイバージェンスを小さくすること，すなわち，2つの分布 $\tilde{P}(Z|\psi)$ と $P(Z|D;\theta)$ とをより近づけることを意味する．換言すれば，$\tilde{P}$ を $P(Z|D;\theta)$ の最良近似分布とするには，下限値 $\mathcal{F}(\tilde{P},\theta)$ を $\tilde{P}$ に関して最大化すればよい．$\tilde{P}$ はパラメータ ψ の関数ゆえ，実際には ψ に関する最大化となる．

以上の説明からわかるように，$P(Z|D;\theta)$ をベイズの定理から算出するのが困難な場合，近似分布 $\tilde{P}(Z|\psi)$ を導入して，式(86) の下限値 $\mathcal{F}(\tilde{P},\theta)$ を $\tilde{P}$ に関して最大化することにより $P(Z|D;\theta)$ を最良近似することができる．近似分布 $\tilde{P}$ が求まれば，EM 法と同様に，$\mathcal{F}$ を θ に関して最大化して θ を更新させる．θ が更新すれば当然 $P(Z|D;\theta)$ も更新されるので，それに応じて $\tilde{P}$ も更新させる．以上を収束するまで繰り返すことにより対数尤度関数の局所最大値を与えるパラメータの近似解が得られる．

以上をアルゴリズムの形で以下に整理する．

一般化 EM 法

初期化　$\psi^{(0)}, \theta^{(0)}$ を設定し，$t \leftarrow 0$ とする．

反復計算　以下を収束するまで繰り返す．

GE ステップ　$\tilde{P}(Z|\psi)^{(t+1)} = \underset{\tilde{P}(Z|\psi)}{\mathrm{argmax}}\, \mathcal{F}[\tilde{P}(Z|\psi), \theta^{(t)}]$

GM ステップ　$\theta^{(t+1)} = \underset{\theta}{\mathrm{argmax}}\, \mathcal{F}[\tilde{P}(Z|\psi)^{(t+1)}, \theta]$

$t \leftarrow t+1$ とする．

GE ステップで $\tilde{P}(Z|\psi)^{(t+1)} \equiv P(Z|D;\theta^{(t)})$ とすれば $\mathcal{F}$ は θ のみの関数となり，GEM 法は EM 法と完全に一致する．つまり，**GEM 法は従来の EM 法をその特殊なケースとして包含している**ことがわかる．前述したように，GEM 法は最尤推定値ではなくその近似値を求める手法である．Q 関数が現実的な時間で計算できる場合は，GEM 法ではなく，当然 EM 法を用いるべきである．

$\tilde{P}$ の分布形は問題に応じて設定する必要があり，統一的な設定法はない．通常は，式(85)のように独立性の仮定の下に因数分解して近似するという統計物理の平均場近似法で用いられる常套手段が援用される．換言すれば，GEM 法は EM 法の E ステップを平均場近似で計算していると解釈できる．

3.4 文献と補遺

EM 法の原論文(Dempster *et al.*, 1977)は，見慣れない演算子を用いていて初学者にはわかりやすい文献とは言い難い．EM 法の入門的な成書として文献(McLachlan and Krishnan, 1997)を奨める．一般化 EM 法は次章の変分ベイズ法への導入として位置づけているためここではあまり詳しく述べていない．因果ネットワークに対する一般化 EM 法の詳細は文献(Saul *et al.*, 1996)を参照されたい．

EM 法の実用上の問題として局所最適性がある．すなわち，通常の非線形逐次最適化法と同様，EM 法はパラメータ空間を山登り法的に探索するアルゴリズムゆえ，パラメータの初期値設定が悪いと初期値付近の低品質の局所解に収束する．この局所最適性の問題の対処法として，統計物理の焼き鈍し法のアナロジーを用いて，対数尤度関数の大局的構造から局所的構造へと探索を行う確定的アニーリング EM 法(Ueda and Nakano, 1998)や，混合モデルを対象として，モデルの併合分割により低品質の局所解からの脱出とより良い解への効率的な誘導を図る併合分割操作付き EM 法(Ueda *et al.*, 2000)が提案され実用面での有効性が示されている．

本章では，EM 法の収束証明は文献(Dempster *et al.*, 1977 ; McLachlan and Krishnan, 1997)に記されている通常の証明ではなく，Neal と Hinton

による EM 法の新しい見方(New View of EM algorithm)(Neal and Hinton, 2003)に基づいた証明を与えた．EM 法自身に閉じて言えば，両者に本質的な差異はない．しかし，次章で詳しく述べるが，一般化 EM 法，変分ベイズ法へと EM 法の発展形を理解するには，後者の証明のほうが一貫性という観点で理解しやすい．これついては次章で再整理する．

4　変分ベイズ法

本章では一般化 EM 法のベイズ推定への発展形である**変分ベイズ**(variational Bayes, VB)**法**を紹介する．ベイズ推定は最尤推定と異なり，未学習データの予測値ではなく予測分布を求める．ベイズ推定は学習データ数が少ない場合，最尤推定に対し汎化能力の高い予測器が構成できるという利点を有するものの，困難な期待値計算を伴うという実用上の問題があった．この積分計算の近似法として，計算機パワーを駆使した**マルコフ連鎖モンテカルロ**(Markov chain Monte Calro, MCMC)**法**とよばれる確率的手法が主流であったが，近年，変分ベイズ(VB)法とよばれる変分近似を援用した**決定論的ベイズ近似算法**が提案され，MCMC 法に比べ遥かに効率的な手法として注目されつつある．以下では，VB 法の基本原理を説明し，次いで，混合正規分布推定問題での計算例を紹介する．

4.1　不完全データからのベイズ推定

ベイズ推定では，データを観測した下での**事後分布**(posterior)が中心的な役割を果たす．ベイズ推定ではすべての未知量が確率変数として取り扱われる．未知パラメータ θ，モデル構造 $\mathcal{M}$，潜在変数集合 Z をもつ統計モデル(確率モデル)に対しては，通常，図 10 に示す**グラフィカルモデル**(directed acyclic graph, DAG)が仮定される．DAG では，変数をノードで表わし，○で囲まれた変数は確率変数を，二重の四角で囲まれた変数は

観測データをそれぞれ表わす．各ノードを矢印で結び，矢印の方向に変数間の統計的依存性を示す．矢印を出しているノードを「親」，受けているノードを「子」とし，各ノードは親(単一とは限らない)のみに依存し，親の先祖には依存せず独立とする．たとえば，図 10 の場合，観測データ D は，Z が与えられた下ではモデル構造 $\mathcal{M}$ に独立($p(D|Z,\mathcal{M}) \equiv p(D|Z)$)であることを示す．

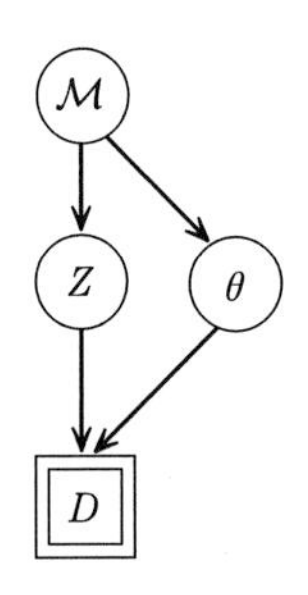

図 10 潜在変数をもつ通常の統計モデルのグラフィカルモデル

図 10 より同時分布は次式の様に分解できる*11．

$$p(D,Z,\theta,\mathcal{M}) = p(D,Z|\theta,\mathcal{M})p(\theta|\mathcal{M})P(\mathcal{M}) \tag{87}$$

ここに $p(D,Z|\theta,\mathcal{M})$ はモデル構造が既知の下での完全データ (D,Z) の尤度を表わし，$p(\theta|\mathcal{M}), P(\mathcal{M})$ は，パラメータ，モデル構造の事前分布(prioir)をそれぞれ表わす．モデル構造とは，たとえば混合正規分布モデルの場合，混合数に相当する．

式(87)より観測データ集合 D を得た下でのすべての未知量の同時事後分布はベイズの定理より次式で与えられる．

$$p(\theta,Z,\mathcal{M}|D) = \frac{p(D,Z|\theta,\mathcal{M})p(\theta|\mathcal{M})P(\mathcal{M})}{\displaystyle\sum_{\mathcal{M}}\sum_{Z}\int p(D,Z,\theta,\mathcal{M})d\theta} \tag{88}$$

上式の分母は $p(D)$ と等価であることに注意．そしてパラメータ θ の事後分布は $Z,\mathcal{M}$ に関する周辺化(marginalization)より

---

*11 潜在変数，モデル構造はいずれも離散値をとる確率変数とする．

$$p(\theta|D) = \sum_{\mathcal{M}} \sum_{Z} p(\theta, Z, \mathcal{M}|D) \tag{89}$$

として得られる．事後分布が得られれば，新たなサンプル d に対する事後予測分布(posterior predictive distribution)は次式で得られる．

$$p(d|D) = \int p(d|\theta) p(\theta|D) d\theta \tag{90}$$

以上が不完全データからのベイズ推定の枠組みであるが，一般に，式(88)中の積分計算が困難なため，枠組みとして単純であっても，現実には計算が困難であるいう実用上の問題がある．VB 法では一般化 EM(GEM)法と同様，事後分布をベイズの定理から求めるのではなく，別のルートから事後分布を近似的に求める．次節で詳しく説明する．

4.2 テスト分布の導入

前章の復習になるが，EM 法では $\mathcal{F}(\theta)$ を θ に関し逐次最大化した．そして $\mathcal{F}(\theta)$ を直接最大化するのが困難な場合に，GEM 法では関数 $\mathcal{F}(\theta)$ の代わりに汎関数 $\mathcal{F}[\tilde{P}(Z|\psi), \theta]$ を θ と $\tilde{P}(Z|\psi)$ に関して最大化した．$\mathcal{F}[\tilde{P}(Z|\psi), \theta]$ は対数尤度関数の下限値で，かつ，GEM 法はこの下限値を最大化するアルゴリズムであることから，GEM 法は変分近似法の最尤学習への応用と位置づけられる．VB 法はこの考え方をさらに一般化し，パラメータではなく関数を定義域とする汎関数を用い，変数のかわりに変関数を導入して目標関数を近似評価する．すなわち，VB 法では GEM 法のように $\tilde{P}$ の分布形を仮定せず，分布形そのものを導出するという変分法に基づく．

まず，VB 法ではすべての未知量を周辺化した次式の周辺尤度(marginal likelihood)を考える．

$$\mathcal{L}(D) = \log p(D) = \log \sum_{\mathcal{M}} \sum_{Z} \int p(D, Z, \theta, \mathcal{M}) d\theta \tag{91}$$

ここでテスト分布[*12]とよぶ新たな分布 $q(Z, \theta, \mathcal{M})$ を導入し，対数関数に

＊12 変分分布ともよばれる．

対する Jensen の不等式を適用することにより，以下に示すように，$\mathcal{L}(D)$ の下限値 $\mathcal{F}[q]$ を得る．

$$\begin{aligned}\mathcal{L}(D) &= \log\sum_{\mathcal{M}}\sum_{Z}\int q(Z,\theta,\mathcal{M})\frac{p(D,Z,\theta,\mathcal{M})}{q(Z,\theta,\mathcal{M})}d\theta \\ &= \log\left\langle\frac{p(D,Z,\theta,\mathcal{M})}{q(Z,\theta,\mathcal{M})}\right\rangle_{q(Z,\theta,\mathcal{M})} \\ &\geq \left\langle\log\frac{p(D,Z,\theta,\mathcal{M})}{q(Z,\theta,\mathcal{M})}\right\rangle_{q(Z,\theta,\mathcal{M})} \\ &= \sum_{\mathcal{M}}\sum_{Z}\int q(Z,\theta,\mathcal{M})\log\frac{p(D,Z,\theta,\mathcal{M})}{q(Z,\theta,\mathcal{M})}d\theta \\ &\equiv \mathcal{F}[q] \end{aligned} \tag{92}$$

ただし，表記 $\langle f(x)\rangle_{p(x)}$ は $f(x)$ の $p(x)$ に関する期待値を表わす．$\mathcal{F}[q]$ は関数 q に依存する関数，すなわち関数 q を変数扱いする汎関数であることに注意．

さらに，$\sum_{\mathcal{M}}\sum_{Z}\int q(Z,\theta,\mathcal{M})d\theta=1$ かつ $\log p(D)$ が $\mathcal{M},\theta,Z$ に無関係であることに注意し，$\mathcal{L}(D)-\mathcal{F}[q]$ を計算すると

$$\begin{aligned}\mathcal{L}(D)-\mathcal{F}[q] &= \sum_{\mathcal{M}}\sum_{Z}\int q(Z,\theta,\mathcal{M})\log p(D)d\theta \\ &\quad -\sum_{\mathcal{M}}\sum_{Z}\int q(Z,\theta,\mathcal{M})\log\frac{p(D,Z,\theta,\mathcal{M})}{q(Z,\theta,\mathcal{M})}d\theta \\ &= \sum_{\mathcal{M}}\sum_{Z}\int q(Z,\theta|\mathcal{M})\log\frac{q(Z,\theta,\mathcal{M})}{p(Z,\theta,\mathcal{M}|D)}d\theta \\ &\equiv \mathrm{KL}(q,p)\end{aligned}$$

を得る．ただし，上記式変形の際，ベイズの定理 $p(Z,\theta,\mathcal{M}|D)=p(D,Z,\theta,\mathcal{M})/p(D)$ を用いていることに注意．KL( ) は KL ダイバージェンスである．上式より次の重要な関係式を得る．

$$\mathcal{L}(D)=\mathcal{F}[q]+\mathrm{KL}(q,p) \tag{93}$$

式(93)において，$\mathcal{L}$ が学習データ D を固定すると $\mathcal{L}$ が q に依存しない定数であることに注意すると，図 11 に示すように，q を真の事後分布 $p(\theta,Z|D)$ に近づける(KL 情報量を最小化する)ことは $\mathcal{F}[q]$ を q に関して最大化する

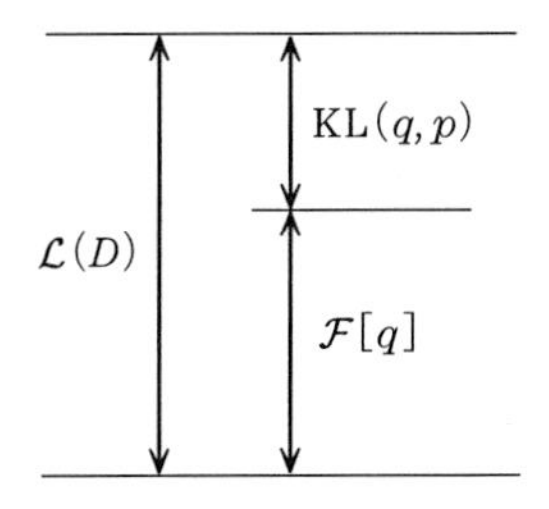

図 11 変分ベイズ法の基本原理．周辺尤度関数は定数ゆえ，KL 距離の最小化は $\mathcal{F}[q]$ の最大化と等価．

ことと等価である．換言すれば，$\mathcal{F}$ を最大化する分布 $\boldsymbol{q}$ は真の事後分布の最良の近似となっている．q は真の事後分布を近似する分布ゆえ，それ自身事後分布であり，本来は $q(\cdot|D)$ と書くべきかもしれないが表記を簡単にするために D を省略する．また，これまでは，離散値の確率変数に対する分布は大文字表記としていたが，EM 法の Q 関数との混同を避けるため，本章では簡単のため，離散，連続の如何を問わず，q を用いる．

パラメータ θ が I 個の独立なパラメータ群 $\{\theta_i\}_{i=1}^{I}$ に分解可能とするとパラメータの事前分布は $p(\theta|\mathcal{M}) = \prod_{i=1}^{I} p(\theta_i|\mathcal{M})$ と書ける．これに呼応して q として次式のように各未知変量ごとに因数分解した形を仮定する．ただし，各分布族に対する仮定は一切設けない．この因数分解の仮定は，最適テスト分布を導出可能にするための計算上の理由で，とくに正当な根拠はない．

$$q(Z, \theta, \mathcal{M}) = q(\mathcal{M})q(Z|\mathcal{M}) \prod_{i=1}^{I} q(\theta_i|\mathcal{M}) \tag{94}$$

言うまでもなく，式(94)の制約された形で真の事後分布を推定するため，q は真の事後分布の近似に過ぎないことに注意．

(a) 最適テスト分布

本節では式(94)の仮定の下で $q(Z|\mathcal{M})$, $q(\theta_i|\mathcal{M})$, $q(\mathcal{M})$ をどのように推定するかについて述べる．

式(94)を式(92)に代入して整理すると次式を得る．

$$\mathcal{F}[q] = \sum_{\mathcal{M}} q(\mathcal{M}) \left\{ \left\langle \log \frac{p(D, Z|\theta, \mathcal{M})}{q(Z|\mathcal{M})} \right\rangle_{q(Z|\mathcal{M}), q(\theta|\mathcal{M})} + \sum_{i=1}^{I} \left\langle \log \frac{p(\theta_i|\mathcal{M})}{q(\theta_i|\mathcal{M})} \right\rangle_{q(\theta_i|\mathcal{M})} + \log \frac{P(\mathcal{M})}{q(\mathcal{M})} \right\} \tag{95}$$

モデル構造 $\mathcal{M}$ が与えられた下での Z の最適テスト分布は，制約条件 $\sum_Z q(Z|\mathcal{M}) = 1$ の下で $\mathcal{F}[q]$ を $q(Z|\mathcal{M})$ に関して最大化することにより得られる．形式的には，λ をラグランジュ乗数として，式(95)の右辺で $q(Z|\mathcal{M})$ に関係する項に着目し，次式の汎関数 $J[q(Z|\mathcal{M})]$ の極値問題を解くことになる．

$$J[q(Z|\mathcal{M})] = \sum_{\mathcal{M}} q(\mathcal{M}) \left\langle \log \frac{p(D, Z|\theta, \mathcal{M})}{q(Z|\mathcal{M})} \right\rangle_{q(Z|\mathcal{M}), q(\theta|\mathcal{M})} + \lambda \left(\sum_Z q(Z|\mathcal{M}) - 1 \right) \tag{96}$$

汎関数の極値問題は変分法(calculus of variations)に従いオイラー–ラグランジュ方程式(一般には偏微分方程式)を解くことになるが，ここでは汎関数 J が変関数 $q(Z|\mathcal{M})$ の微分項を含まないもっとも単純な汎関数ゆえ，オイラー–ラグランジュ方程式は簡単に次式となる．

$$\frac{\partial J}{\partial q(Z|\mathcal{M})} = 0 \quad \text{および} \quad \frac{\partial J}{\partial \lambda} = 0 \tag{97}$$

これを解くと次式を得る．

$$q(Z|\mathcal{M}) = C \exp \langle \log p(D, Z|\theta, \mathcal{M}) \rangle_{q(\theta|\mathcal{M})} \tag{98}$$

C は $\sum_Z q(Z|\mathcal{M}) = 1$ となるための規格化定数．ここで，もし θ が確率変数ではなく最尤推定のときのような確定的な変数と仮定すると，$q(\theta|\mathcal{M})$ がある θ 上の δ 関数となり，式(98)の右辺の期待値は

$$q(Z|\mathcal{M}) = Cp(D, Z|\theta, \mathcal{M}) \tag{99}$$

となる．さらにこのとき規格化定数は $C = 1/\sum_Z p(D, Z|\theta, \mathcal{M})$ となり，$q(Z|\mathcal{M})$ は通常のベイズの定理から得られる事後分布と一致する．

$q(\theta_i|\mathcal{M})$ についても同様に，式(95)の右辺で $q(\theta_i|\mathcal{M})$ に関係する項に着目し，次式の汎関数 $J[q(\theta_i|\mathcal{M})]$ の極値問題を解くことになる．

$$J[q(\theta_i|\mathcal{M})] = \sum_{\mathcal{M}} q(\mathcal{M}) \langle \log p(D, Z|\theta, \mathcal{M}) \rangle_{q(Z|\mathcal{M}), q(\theta|\mathcal{M})} + \sum_{\mathcal{M}} q(\mathcal{M}) \left\langle \log \frac{p(\theta_i|\mathcal{M})}{q(\theta_i|\mathcal{M})} \right\rangle_{q(\theta_i|\mathcal{M})} + \lambda \left(\int q(\theta_i|\mathcal{M}) d\theta_i - 1 \right) \quad (100)$$

ゆえに，

$$\frac{\partial J}{\partial q(\theta_i|\mathcal{M})} = 0 \quad \text{および} \quad \frac{\partial J}{\partial \lambda} = 0 \quad (101)$$

を解くことにより次式を得る．

$$q(\theta_i|\mathcal{M}) = C' p(\theta_i|\mathcal{M}) \exp\langle \log p(D, Z|\theta, \mathcal{M}) \rangle_{q(Z|\mathcal{M}), q(\theta_{-i}|\mathcal{M})} \quad (102)$$

C' は $\int q(\theta_i|\mathcal{M}) d\theta_i = 1$ となるための規格化定数とする．また，θ_{-i} は θ 中で θ_i 以外の成分からなる集合，すなわち $\theta/\{\theta_i\}$ を表わす．

式(98),(102)をよく見ると，両者は相互に依存関係にありそれぞれを閉形式で解くことはできない．そこで，t を反復ステップ数として以下に示すように，GEM 法と同様な逐次形式のアルゴリズムにより求めることになる．GEM 法と比較すると，VB-E ステップでは新たなパラメータ ψ を導入するのではなく新たなテスト分布を導入し，VB-M ステップでは θ を更新するのではなく θ のテスト分布を更新していることがわかる．つまり **VB 法は GEM 法を自然な形でベイズ拡張していることがわかる．**

変分ベイズ法

初期化　初期分布 $\{q(\theta_i|\mathcal{M})^{(0)}\}, \{p(\theta_i|\mathcal{M})^{(0)}\}$ を設定し，$t \leftarrow 0$ とする．

反復計算　以下を収束するまで繰り返す．

VB-E ステップ　$q(Z|\mathcal{M})^{(t+1)} = C \exp\langle \log p(D, Z|\theta, \mathcal{M}) \rangle_{q(\theta|\mathcal{M})^{(t)}}$ (103)

VB-M ステップ　$q(\theta_i|\mathcal{M})^{(t+1)}$

$$= C' p(\theta_i|\mathcal{M}) \exp\langle \log p(D, Z|\theta, \mathcal{M}) \rangle_{q(Z|\mathcal{M})^{(t+1)}, q(\theta_{-i}|\mathcal{M})^{(t)}} \quad (104)$$

$t \leftarrow t+1$

4.3 最適モデル選択

(a) モデル構造に関する最適テスト分布

上記 VB 法により得られた最適テスト分布を $q(Z|\mathcal{M})^*, q(\theta_i|\mathcal{M})^*$ と書き，式(95)に代入し，$\sum_{\mathcal{M}} q(\mathcal{M})=1$ の下で $\mathcal{F}$ を $q(\mathcal{M})$ に関して最大化することにより，$q(\mathcal{M})$ の最適分布 $q(\mathcal{M})^*$ を得る．

$$q(\mathcal{M})^* = \frac{1}{C''} P(\mathcal{M}) \exp\left\{ \left\langle \log \frac{p(D, Z|\theta, \mathcal{M})}{q(Z|\mathcal{M})^*} \right\rangle_{q(Z|\mathcal{M})^*, q(\theta|\mathcal{M})^*} + \sum_{i=1}^{I} \left\langle \log \frac{p(\theta_i|\mathcal{M})}{q(\theta_i|\mathcal{M})^*} \right\rangle_{q(\theta_i|\mathcal{M})^*} \right\} \tag{105}$$

C'' は $\sum_{\mathcal{M}} q(\mathcal{M})^*=1$ となるための規格化定数．

ベイズ推定の場合，式(89)，(90)に示したように，本来はすべての可能なモデルのアンサンブルとして予測分布を求める．しかし，実用上はある最良なモデルのみに着目して単一のモデルを選択することがよく行われる．すなわち，$q(\mathcal{M})^*$ を最大にする $\mathcal{M}$ のモデルを選択する．この近似は事後分布最大化(maximum a posteriori, MAP)の観点で最適なモデル指標となることからモデル選択における **MAP 近似**とよばれる．$q(\mathcal{M})$ が単峰でかつ鋭いピークをもつ場合には十分な近似が得られる．

(b) モデル選択に関する補足

以上の説明では潜在変数とパラメータのテスト分布を求め，次いでモデル構造のテスト分布を求めるという 2 段階の処理を行ったが，モデル選択の観点では，$P(\mathcal{M})$ を一様分布と仮定すると，$\mathcal{F}[q]$ ではなく，次式

$$\mathcal{F}_{\mathcal{M}} = \left\langle \log \frac{p(D, Z|\theta, \mathcal{M}) p(\theta|\mathcal{M})}{q(Z|\mathcal{M}) q(\theta|\mathcal{M})} \right\rangle_{q(Z|\mathcal{M}), q(\theta|\mathcal{M})} \tag{106}$$

で定義する $\mathcal{F}_{\mathcal{M}}$ を目的関数とすることにより $\mathcal{M}, q(Z|\mathcal{M}), q(\theta|\mathcal{M})$ を同時最適化できる．以下これについて簡単に説明する．

$\mathcal{F}_{\mathcal{M}}$ を用いると $\mathcal{F}$ は次式のように書ける.

$$\mathcal{F}[q(Z,\theta,\mathcal{M})] = \langle \mathcal{F}_{\mathcal{M}} \rangle_{q(\mathcal{M})} - \mathrm{KL}(q(\cdot), P(\cdot)) \tag{107}$$

KL 項は分布 $q(\mathcal{M})$ と $P(\mathcal{M})$ との距離を表わし, $q(Z|\mathcal{M}), q(\theta|\mathcal{M})$ には依存しないので, 前述した VB 法の EM ステップは $\mathcal{F}_{\mathcal{M}}[q(Z|\mathcal{M}),\ q(\theta|\mathcal{M})]$ を $q(Z|\mathcal{M})$ および $q(\theta|\mathcal{M})$ に関して逐次最適化することと等価である. すなわち,

$$q(Z|\mathcal{M})^{(t+1)} = \operatorname*{argmax}_{q(Z|\mathcal{M})} \mathcal{F}_{\mathcal{M}}[q(Z|\mathcal{M}),\ q(\theta|\mathcal{M})^{(t)}] \tag{108}$$

$$q(\theta|\mathcal{M})^{(t+1)} = \operatorname*{argmax}_{q(\theta|\mathcal{M})} \mathcal{F}_{\mathcal{M}}[q(Z|\mathcal{M})^{(t+1)},\ q(\theta|\mathcal{M})] \tag{109}$$

さらに $\mathcal{F}_{\mathcal{M}}^*$ を $\mathcal{F}_{\mathcal{M}}$ の最適値とすると, モデル構造に関する最適テスト分布は式(107)の右辺第 1 項で $\mathcal{F}_{\mathcal{M}}$ を $\mathcal{F}_{\mathcal{M}^*}$ とし, $\sum_{\mathcal{M}} q(\mathcal{M}) = 1$ の下で $\mathcal{F}$ を $q(\mathcal{M})$ に関して最大化することにより次式に示すモデル構造に関する最適テスト分布を得る.

$$q(\mathcal{M})^* \propto P(\mathcal{M}) \exp\{\mathcal{F}_{\mathcal{M}}^*\} \tag{110}$$

ここで, 式(110)は式(105)と同一であることに注意. モデル構造の事前分布が定数(一様)とすると, 式(110)より,

$$\text{もし}\quad \mathcal{F}_{\mathcal{M}'}^{(t)} \geq \mathcal{F}_{\mathcal{M}}^{(t)} \quad \text{ならば}\quad q(\mathcal{M}')^{(t)} \geq q(\mathcal{M})^{(t)}$$

という単調性が成り立つことがわかる. つまり, $\mathcal{F}$ ではなく $\mathcal{F}_{\mathcal{M}}$ を目的関数として $q(Z|\mathcal{M}), q(\Theta|\mathcal{M})$ および $\mathcal{M}$ に関して最適化することにより, MAP の観点で最適モデル構造をもつテスト分布 $q(Z|\mathcal{M}^*)^*, q(\theta|\mathcal{M}^*)^*$ が得られる.

4.4 EM 法, GEM 法との関係

以上の説明から VB 法が GEM 法のベイズ拡張であることが理解できたと思われる. 復習を兼ねて EM, GEM, VB 各手法における目的関数を以下に再掲しておく.

EM $\mathcal{F}(\theta) = \left\langle \log \dfrac{p(D, Z; \theta)}{P(Z|D; \theta)} \right\rangle_{P(Z|D;\theta)}$

GEM $\mathcal{F}[\tilde{P}(Z|\psi), \theta] = \left\langle \log \dfrac{p(D, Z; \theta)}{\tilde{P}(Z|\psi)} \right\rangle_{\tilde{P}(Z|\psi)}$

VB $\mathcal{F}[q(Z, \theta, \mathcal{M})] = \left\langle \log \dfrac{p(D, Z, \theta, \mathcal{M})}{q(Z, \theta, \mathcal{M})} \right\rangle_{q(Z,\theta,\mathcal{M})}$

EM 法では未知パラメータを確率変数ではなく確定的変数と見て，$\mathcal{F}(\theta)$ を θ に関して逐次最大化する．GEM 法は EM 法における E ステップで用いる事後分布 $P(Z|D;\theta)$ をベイズの定理で算出するのではなく，新たな分布 $\tilde{P}(Z|\psi)$ を導入し θ と共に逐次学習する．すなわち，$\mathcal{F}[\tilde{P}(Z|\psi), \theta]$ を $\tilde{P}(Z|\psi)$ および θ に関して逐次最大化する．VB 法ではすべての未知量 $Z, \theta, \mathcal{M}$ を確率変数と見なし，真の事後分布の近似であるテスト分布 $q(Z|\mathcal{M})$, $q(\theta|\mathcal{M})$ および $q(\mathcal{M})$ を推定する．

4.5 変分ベイズ法の混合正規分布推定問題への適用例

以上，VB 法の基本原理について解説したが，より理解を深めるために，統計的学習の典型問題である混合正規分布推定問題への適用例を以下に示す．

(a) 準備

m 混合正規分布の確率密度関数は次式で定義される．

$$p(\boldsymbol{x}; \theta) = \sum_{i=1}^{m} \alpha_i \mathcal{N}(\boldsymbol{x}; \boldsymbol{\mu}_i, \boldsymbol{S}_i^{-1}) \tag{111}$$

ただし，$\boldsymbol{x} \in R^d$, $0 < \alpha_i < 1$, $\sum_{i=1}^{m} \alpha_i = 1$ とする．また，

$$\mathcal{N}(\boldsymbol{x}; \boldsymbol{\mu}, \boldsymbol{S}^{-1}) = (2\pi)^{-\frac{d}{2}} |\boldsymbol{S}|^{\frac{1}{2}} \exp\left\{ -\frac{1}{2} (\boldsymbol{x} - \boldsymbol{\mu})^T \boldsymbol{S} (\boldsymbol{x} - \boldsymbol{\mu}) \right\} \tag{112}$$

は，平均ベクトル $\boldsymbol{\mu}$，共分散行列の逆行列 $\boldsymbol{S}$（精度行列とよばれる）から成る多変量正規分布を表わす．共分散行列ではなく精度行列を用いるのは，数学的な便宜上の理由による．

学習データ集合を $D = \{\boldsymbol{x}_n\}_{n=1}^{N}$ とし，各サンプルの独立性を仮定する．

この場合，サンプル $\boldsymbol{x}_n$ に対する潜在変数 z_n は $\boldsymbol{x}_n$ がどの要素分布から生成されたかを示す指標 $z_n \in \{1, \cdots, m\}$ となるが，便宜上，第 i 要素から生成されていたなら $z_i^n = 1$ さもなくば $z_i^n = 0$ と定義する潜在変数集合 $Z = \{z_i^n\}_{n=1,i=1}^{N,m}$ を導入する．この時，完全データ集合の結合分布は次式のように書ける．

$$p(D, Z|\theta, m) = \prod_{i=1}^{m} \prod_{n=1}^{N} \left\{ \alpha_i \mathcal{N}(\boldsymbol{x}_n; \boldsymbol{\mu}_i, \boldsymbol{S}_i^{-1}) \right\}^{z_i^n} \qquad (113)$$

混合正規分布モデルにおける未知パラメータ，潜在変数，観測変数間での統計的依存関係を図 12 のように仮定する．図中で，○で囲まれた変数は確率変数を，□で囲まれた変数は定数(ハイパーパラメータ)，二重の四角で囲まれた変数は観測データをそれぞれ表わす．$\boldsymbol{\nu}_0$ のように添字「0」をつけた変数はすべてハイパーパラメータ(ここでは定数)を表わすものとする．

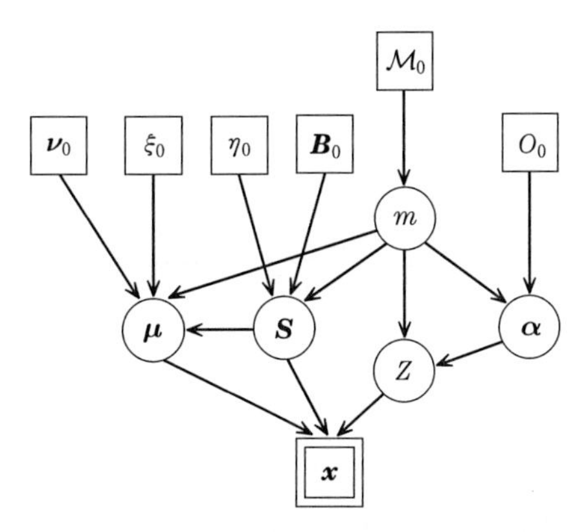

図 **12**　混合正規分布のグラフィカルモデル

今，$\boldsymbol{\alpha} = \{\alpha_i\}_{i=1}^m$, $\boldsymbol{\mu} = \{\boldsymbol{\mu}_i\}_{i=1}^m$, $\boldsymbol{S} = \{\boldsymbol{S}_i\}_{i=1}^m$ と書くと，図 12 より，未知パラメータとモデル指標の結合分布は以下のように分解できる．

$$p(\theta, m) = P(m) p(\boldsymbol{\alpha}|m) p(\boldsymbol{S}|m) p(\boldsymbol{\mu}|S, m) \qquad (114)$$

各パラメータの事前分布として，自然共役事前分布(natural conjugate priors)を用いる[*13]．すなわち，$\boldsymbol{\alpha}$ はディリクレ(Dirichlet)分布：

＊13　自然共役事前分布とは，事前分布と事後分布とが同じ分布族となる事前分布で，数学的な取り扱いやすさからベイズ推定で通常用いられる．

$$p(\boldsymbol{\alpha}|m) = \mathrm{Dirichlet}(\{\alpha_i\}_{i=1}^m|\phi_0) \propto \prod_{i=1}^m \alpha_i^{\phi_0-1} \tag{115}$$

とし，$\boldsymbol{S}$ が与えられた下での $\boldsymbol{\mu}$ の事前分布は正規分布：

$$p(\boldsymbol{\mu}|\boldsymbol{S}, m) = \prod_{i=1}^m \mathcal{N}(\boldsymbol{\mu}_i; \boldsymbol{\nu}_0, (\xi_0 \boldsymbol{S}_i)^{-1}) \tag{116}$$

とし，$\boldsymbol{S}$ はウィシャート分布(Wishart distribution)：

$$p(\boldsymbol{S}|m) = \mathcal{W}(\boldsymbol{S}_i; \eta_0, \boldsymbol{B}_0) \propto |\boldsymbol{S}_i|^{\frac{1}{2}(\eta_0-d-1)} \exp\left\{-\frac{1}{2}\mathrm{Tr}\{\boldsymbol{S}_i\boldsymbol{B}_0\}\right\} \tag{117}$$

とする．

(b) パラメータの最適テスト分布の導出

VB 法の公式(式(98), (102))を用いると以下を得る．

$$q(\boldsymbol{\alpha}|m) \propto p(\boldsymbol{\alpha}|m) \exp\langle \log p(D, Z|\theta, m)\rangle_{q(Z|m), q(\boldsymbol{\mu}, \boldsymbol{S}|m)} \tag{118}$$

$$q(\boldsymbol{\mu}, \boldsymbol{S}|m) \propto p(\boldsymbol{\mu}, \boldsymbol{S}|m) \exp\langle \log p(D, Z|\theta, m)\rangle_{q(Z|m), q(\boldsymbol{\alpha}|m)} \tag{119}$$

そこで，上記期待値を具体的に計算する．まず，完全データの対数尤度は

$$\log p(D, Z|\theta, m) \propto \sum_{i=1}^m \sum_{n=1}^N z_i^n \Big[\log \alpha_i + \log |\boldsymbol{S}_i|^{\frac{1}{2}} - \frac{1}{2}\mathrm{Tr}\{\boldsymbol{S}_i(\boldsymbol{x}_n - \boldsymbol{\mu}_i)(\boldsymbol{x}_n - \boldsymbol{\mu}_i)^T\}\Big] \tag{120}$$

と書ける．両辺を $q(Z|m)$ に関して期待値をとると

$$\langle \log p(D, Z|\theta, m)\rangle_{q(Z|m)} = \sum_{i=1}^m \Big[\bar{N}_i(\log \alpha_i + \log |\boldsymbol{S}_i|^{\frac{1}{2}}) - \frac{1}{2}\mathrm{Tr}\{\boldsymbol{S}_i(\bar{N}_i(\boldsymbol{\mu}_i - \bar{\boldsymbol{x}}_i)(\boldsymbol{\mu}_i - \bar{\boldsymbol{x}}_i)^T + \bar{\boldsymbol{C}}_i)\}\Big] \tag{121}$$

となる．ただし，

$$\bar{z}_i^n = \langle z_i^n \rangle_{q(z_i^n|m)}, \quad \bar{N}_i = \sum_{n=1}^N \bar{z}_i^n, \quad \bar{\boldsymbol{x}}_i = \frac{1}{\bar{N}_i}\sum_{n=1}^N \bar{z}_i^n \boldsymbol{x}_n$$

$$\bar{\boldsymbol{C}}_i = \sum_{n=1}^N \bar{z}_i^n (\boldsymbol{x}_n - \bar{\boldsymbol{x}}_i)(\boldsymbol{x}_n - \bar{\boldsymbol{x}}_i)^T \in R^{d\times d}.$$

とする．$\bar{z}_i^n$ は $\boldsymbol{x}_n$ が第 i 要素に帰属する確率を，$\bar{N}_i$ は第 i 要素に帰属する

平均データ数と解釈できる．また，$\bar{\boldsymbol{x}}_i(\bar{\boldsymbol{C}}_i)$は直観的には，第$i$要素に帰属するデータの平均値(共分散行列)に相当する．

■ $q(\boldsymbol{\alpha}|m)$ の導出

式(115),(121)を式(118)に代入し，$\boldsymbol{\alpha}$ を含む項のみを整理すると次式となる．

$$
\begin{aligned}
q(\boldsymbol{\alpha}|m) &\propto \prod_{i=1}^{m} \exp\left\{\sum_{n=1}^{N} \bar{z}_i^n \log \alpha_i + \log \alpha_i^{\phi_0 - 1}\right\} \\
&= \prod_{i=1}^{m} \alpha_i^{\phi_0 + \bar{N}_i - 1} \qquad (122)
\end{aligned}
$$

右辺は $\{\phi_0 + \bar{N}_i\}_{i=1}^m$ をハイパーパラメータとするディリクレ分布である．すなわち，

$$
q(\boldsymbol{\alpha}|m) = \mathrm{Dirichlet}(\{\alpha_i\}_{i=1}^m | \{\phi_0 + \bar{N}_i\}_{i=1}^m) \qquad (123)
$$

を得る．

■ $q(\boldsymbol{\mu}|m), q(\boldsymbol{S}|m)$ の導出

同様に，式(116),(117),(121)を式(119)に代入し，$\boldsymbol{\mu}, \boldsymbol{S}$ を含む項を整理すると以下のようになる．

$$
\begin{aligned}
q(\boldsymbol{\mu}, \boldsymbol{S}|m) &\propto \prod_{i=1}^{m} |\boldsymbol{S}_i|^{\frac{1}{2}(\eta_0 + \bar{N}_i - d)} \exp\Big\{-\frac{1}{2}\mathrm{Tr}\{\boldsymbol{S}_i(\xi_0(\boldsymbol{\mu}_i - \boldsymbol{\nu}_0)(\boldsymbol{\mu}_i - \boldsymbol{\nu}_0)^T \\
&\qquad + \bar{N}_i(\boldsymbol{\mu}_i - \bar{\boldsymbol{x}}_i)(\boldsymbol{\mu}_i - \bar{\boldsymbol{x}}_i)^T + \boldsymbol{B}_0 + \bar{\boldsymbol{C}}_i)\}\Big\} \\
&= \prod_{i=1}^{m} |\boldsymbol{S}_i|^{\frac{1}{2}} \exp\Big\{-\frac{1}{2}\mathrm{Tr}\{(\bar{N}_i + \xi_0)\boldsymbol{S}_i(\boldsymbol{\mu}_i - \overline{\boldsymbol{\mu}}_i)(\boldsymbol{\mu}_i - \overline{\boldsymbol{\mu}}_i)^T\}\Big\} \\
&\qquad \times \prod_{i=1}^{m} |\boldsymbol{S}_i|^{-\frac{1}{2}(\eta_0 + \bar{N}_i - d - 1)} \exp\Big\{-\frac{1}{2}\mathrm{Tr}\{\boldsymbol{S}_i\boldsymbol{B}_i\}\Big\} \qquad (124)
\end{aligned}
$$

ただし，

$$
\overline{\boldsymbol{\mu}}_i = \frac{\bar{N}_i\bar{\boldsymbol{x}}_i + \xi_0\boldsymbol{\nu}_0}{\bar{N}_i + \xi_0} \qquad (125)
$$

$$
\boldsymbol{B}_i = \boldsymbol{B}_0 + \bar{\boldsymbol{C}}_i + \frac{\bar{N}_i\xi_0}{\bar{N}_i + \xi_0}(\bar{\boldsymbol{x}}_i - \boldsymbol{\nu}_0)(\bar{\boldsymbol{x}}_i - \boldsymbol{\nu}_0)^T \qquad (126)
$$

とする．規格化定数は無視して，式(124)の右辺第1項は正規分布を，第2

項はウィシャート分布に相当することがわかる．すなわち，$\boldsymbol{\mu}_i, \boldsymbol{S}_i$ の最適変分事後分布は以下となる．

$$q(\boldsymbol{\mu}_i|\boldsymbol{S}_i, m) = \mathcal{N}(\boldsymbol{\mu}_i;\ \overline{\boldsymbol{\mu}}_i, ((\bar{N}_i + \xi_0)\boldsymbol{S}_i)^{-1}) \tag{127}$$

$$q(\boldsymbol{S}_i|m) = \mathcal{W}(\boldsymbol{S}_i;\ \eta_0 + \bar{N}_i, \boldsymbol{B}_i) \tag{128}$$

$q(\boldsymbol{\mu}_i|m)$ は $q(\boldsymbol{\mu}_i, \boldsymbol{S}_i|m)$ において $\boldsymbol{S}_i$ を積分消去することにより求まる．

$$\begin{aligned} q(\boldsymbol{\mu}_i|m) &= \int_{\boldsymbol{S}_i>0} q(\boldsymbol{\mu}_i, \boldsymbol{S}_i|m) d\boldsymbol{S}_i \\ &= \int_{\boldsymbol{S}_i>0} |\boldsymbol{S}_i|^{\frac{1}{2}(\eta_0+\bar{N}_i-d)} \exp\Big\{-\frac{1}{2}\mathrm{Tr}\{\boldsymbol{S}_i((\bar{N}_i+\xi_0) \\ &\quad \times (\boldsymbol{\mu}_i - \overline{\boldsymbol{\mu}}_i)(\boldsymbol{\mu}_i - \overline{\boldsymbol{\mu}}_i)^T + \boldsymbol{B}_i)\}\Big\} d\boldsymbol{S}_i \end{aligned} \tag{129}$$

積分範囲 $\boldsymbol{S} > 0$ はすべての可能な正定値行列 $\boldsymbol{S}$ にわたって積分することを意味する．ここで，

$$\eta_i' = \eta_0 + \bar{N}_i \tag{130}$$

$$\boldsymbol{B}_i' = (\bar{N}_i + \xi_0)(\boldsymbol{\mu}_i - \overline{\boldsymbol{\mu}}_i)(\boldsymbol{\mu}_i - \overline{\boldsymbol{\mu}}_i)^T + \boldsymbol{B}_i \tag{131}$$

とおくと，式(129)の被積分関数は，規格化定数を無視すればウィシャート密度関数 $\mathcal{W}(\boldsymbol{S}_i; \eta_i', \boldsymbol{B}_i')$ であることがわかる．そこで，「密度関数の積分値は 1」

$$\int_{\boldsymbol{S}_i>0} \mathcal{W}(\boldsymbol{S}_i; \eta_i', \boldsymbol{B}_i') d\boldsymbol{S}_i = 1 \tag{132}$$

を書き下すことにより以下のように式(129)の積分計算が代数的に容易に求まる．

$$\begin{aligned} &\int_{\boldsymbol{S}_i>0} |\boldsymbol{S}_i|^{\frac{1}{2}(\eta_i'-d-1)} \exp\Big\{-\frac{1}{2}\mathrm{Tr}\{\boldsymbol{S}_i\boldsymbol{B}_i'\}\Big\} d\boldsymbol{S}_i \\ &= 2^{\frac{\eta_i' d}{2}} \pi^{\frac{d(d-1)}{4}} \prod_{j=1}^{d} \Gamma\Big(\frac{\eta_i'+1-j}{2}\Big) |\boldsymbol{B}_i'|^{-\frac{\eta_i'}{2}} \\ &\propto |\boldsymbol{B}_i'|^{-\frac{\eta_i'}{2}} \\ &= |(\bar{N}_i+\xi_0)(\boldsymbol{\mu}_i - \overline{\boldsymbol{\mu}}_i)(\boldsymbol{\mu}_i - \overline{\boldsymbol{\mu}}_i)^T + \boldsymbol{B}_i|^{-\frac{1}{2}(\eta_0+\bar{N}_i)} \end{aligned}$$

$$\propto |I_d + (\bar{N}_i + \xi_0)\boldsymbol{B}_i^{-1}(\boldsymbol{\mu}_i - \overline{\boldsymbol{\mu}}_i)(\boldsymbol{\mu}_i - \overline{\boldsymbol{\mu}}_i)^T|^{-\frac{1}{2}(\eta_0+\bar{N}_i+1)}$$

$$\propto \{1 + (\boldsymbol{\mu}_i - \overline{\boldsymbol{\mu}}_i)^T(\bar{N}_i + \xi_0)\boldsymbol{B}_i^{-1}(\boldsymbol{\mu}_i - \overline{\boldsymbol{\mu}}_i)\}^{-\frac{1}{2}(\eta_0+\bar{N}_i+1)} \quad (133)$$

なお，最後の変形は $\boldsymbol{A}$ が正則行列の時の行列式の公式 $|\boldsymbol{A}+\boldsymbol{a}\boldsymbol{a}^T| = |\boldsymbol{A}|(1+\boldsymbol{a}^T\boldsymbol{A}^{-1}\boldsymbol{a})$ を用いている．

式(133)の右辺の最後の式は，位置ベクトル $\overline{\boldsymbol{\mu}}_i$，スケール行列 $\Sigma_{\boldsymbol{\mu}_i} = \boldsymbol{B}_i/((\bar{N}_i + \xi_0)f_{\boldsymbol{\mu}_i})$，自由度 $f_{\boldsymbol{\mu}_i} = \eta_0 + \bar{N}_i + 1 - d$ の d 次元 $\boldsymbol{t}$ 分布(t-distribution)に相当している．ここに，位置ベクトル $\boldsymbol{\mu}$，スケール行列 Σ，自由度 $f\ (>0)$ の多変量(d 次元) t 分布の確率密度関数は次式で定義される．

$$\mathcal{T}(\boldsymbol{x};\boldsymbol{\mu},\Sigma,f) = c\{1 + (\boldsymbol{x}-\boldsymbol{\mu})^T(f\Sigma)^{-1}(\boldsymbol{x}-\boldsymbol{\mu})\}^{-\frac{f+d}{2}} \quad (134)$$

c は規格化定数である．したがって，$\boldsymbol{\mu}_i$ の周辺分布は以下に示す t 分布となる．

$$q(\boldsymbol{\mu}_i|m) = \mathcal{T}(\boldsymbol{\mu}_i;\ \overline{\boldsymbol{\mu}}_i, \Sigma_{\boldsymbol{\mu}_i}, f_{\boldsymbol{\mu}_i}) \quad (135)$$

$$\Sigma_{\boldsymbol{\mu}_i} = \boldsymbol{B}_i/((\bar{N}_i + \xi_0)f_{\boldsymbol{\mu}_i}) \quad (136)$$

$$f_{\boldsymbol{\mu}_i} = \eta_0 + \bar{N}_i + 1 - d \quad (137)$$

(c) 潜在変数の最適テスト分布の導出

式(121)および上記結果を式(98)に代入すると

$$q(Z|m) \propto \prod_{i=1}^{m}\prod_{n=1}^{N} \exp\Big\{z_i^n\Big(\langle\log\alpha_i\rangle_{q(\alpha|m)} + \frac{1}{2}\langle\log|\boldsymbol{S}_i|\rangle_{q(\boldsymbol{S}_i|m)} - \frac{1}{2}\mathrm{Tr}\{\langle\boldsymbol{S}_i\rangle_{q(\boldsymbol{S}_i|m)}\langle(\boldsymbol{x}_n-\boldsymbol{\mu}_i)(\boldsymbol{x}_n-\boldsymbol{\mu}_i)^T\rangle_{q(\boldsymbol{\mu}_i|m)}\}\Big)\Big\} \quad (138)$$

を得る．式中の各期待値は以下のように求まる．

$$\langle\log\alpha_i\rangle_{q(\alpha|m)} = \Psi(\phi_0 + \bar{N}_i) - \Psi\Big(m\phi_0 + \sum_{i=1}^{m}\bar{N}_i\Big)$$

$$\langle\boldsymbol{S}_i\rangle_{q(\boldsymbol{S}_i|m)} = (\eta_0 + \bar{N}_i)\boldsymbol{B}_i^{-1}$$

$$\langle \log |\boldsymbol{S}_i| \rangle_{q(\boldsymbol{S}_i|m)} = \log 2^d - \log |\boldsymbol{B}_i| + \sum_{j=1}^{d} \boldsymbol{\Psi}\left(\frac{\eta_i + 1 - j}{2}\right)$$

$$\langle (\boldsymbol{x}_n - \boldsymbol{\mu}_i)(\boldsymbol{x}_n - \boldsymbol{\mu}_i)^T \rangle_{q(\boldsymbol{\mu}_i|m)} = \frac{f_{\boldsymbol{\mu}_i}}{f_{\boldsymbol{\mu}_i} - 2} \Sigma_{\boldsymbol{\mu}_i} + (\boldsymbol{x}_n - \overline{\boldsymbol{\mu}}_i)(\boldsymbol{x}_n - \overline{\boldsymbol{\mu}}_i)^T \tag{139}$$

ただし，$\boldsymbol{\Psi}(\ )$ は次式で定義されるダイガンマ関数*14（digamma function）を表わす．

$$\boldsymbol{\Psi}(\boldsymbol{x}) = \frac{\partial \log \Gamma(\boldsymbol{x})}{\partial \boldsymbol{x}}$$

式（139）の期待値を式（138）に代入することにより，以下の潜在変数に関する最適テスト分布を得る．

$$\bar{z}_i^n = q(z_i^n = 1|m) = \frac{\exp\{\gamma_i^n\}}{\sum_{j=1}^{m} \exp\{\gamma_j^n\}} \tag{140}$$

ただし，

$$\begin{aligned}\gamma_i^n &= \boldsymbol{\Psi}(\phi_0 + \bar{N}_i) - \boldsymbol{\Psi}\left(m\phi_0 + \sum_{i=1}^{m} \bar{N}_i\right) \\ &\quad + \frac{1}{2}\sum_{j=1}^{d} \boldsymbol{\Psi}\left(\frac{\eta_0 + \bar{N}_i + 1 - j}{2}\right) - \frac{1}{2}\log |\boldsymbol{B}_i| \\ &\quad - \frac{1}{2}\mathrm{Tr}\left\{(\eta_0 + \bar{N}_i)\boldsymbol{B}_i^{-1}\left(\frac{f_{\boldsymbol{\mu}_i}}{f_{\boldsymbol{\mu}_i} - 2}\Sigma_{\boldsymbol{\mu}_i} + (\boldsymbol{x}_n - \overline{\boldsymbol{\mu}}_i)(\boldsymbol{x}_n - \overline{\boldsymbol{\mu}}_i)^T\right)\right\}\end{aligned} \tag{141}$$

以上の結果を VB 法として記述すると以下となる．

混合正規分布に対する変分ベイズ法

初期化　事前分布のハイパーパラメータ $(\phi_0, \xi_0, \eta_0, \boldsymbol{\nu}_0, \boldsymbol{B}_0)$ を設定し，かつ，$\bar{N}_i^{(0)} \leftarrow N/m$ とし，次いで，各変分事後分布のハイパーパラメータを初期化する．

*14　Psi（プサイ）関数ともよばれる．

すなわち，$i=1,\cdots,m$ に対し，

$$\phi_i^{(0)} \leftarrow \phi_0, \quad \overline{\boldsymbol{\mu}}_i^{(0)} \leftarrow \boldsymbol{\nu}_0, \quad \eta_i^{(0)} \leftarrow \eta_0, \quad \boldsymbol{B}_i^{(0)} \leftarrow \boldsymbol{B}_0$$

$$f_{\boldsymbol{\mu}_i}^{(0)} \leftarrow \eta_0 + \bar{N}_i^{(0)} + 1 - d$$

$$\Sigma_{\boldsymbol{\mu}_i}^{(0)} \leftarrow \boldsymbol{B}_i^{(0)} / ((\bar{N}_i^{(0)} + \xi_0) f_{\boldsymbol{\mu}_i}^{(0)})$$

とし，$t \leftarrow 0$ とする．

反復計算　以下を収束するまで繰り返す．

VB-E ステップ　潜在変数の変分事後分布の更新

$i=1,\cdots,m,\ n=1,\cdots,N$ に対し，

$$\bar{z}_i^n = \exp\{\gamma_i^n\} / \sum_{j=1}^{m} \exp\{\gamma_j^n\}$$

を計算する．ただし，γ_i^n は次式で算出する．

$$\begin{aligned}\gamma_i^n \leftarrow\ & \Psi(\phi_0 + \bar{N}_i^{(t)}) - \Psi\Big(m\phi_0 + \sum_{i=1}^{m} \bar{N}_i^{(t)}\Big) \\ & + \frac{1}{2} \sum_{j=1}^{d} \Psi\Big(\frac{\eta_0 + \bar{N}_i^{(t)} + 1 - j}{2}\Big) - \frac{1}{2} \log |\boldsymbol{B}_i^{(t)}| \\ & - \frac{1}{2} \mathrm{Tr}\Big\{(\eta_0 + \bar{N}_i^{(t)})(\boldsymbol{B}_i^{(t)})^{-1} \Big(\frac{f_{\boldsymbol{\mu}_i}^{(t)}}{f_{\boldsymbol{\mu}_i}^{(t)} - 2} \Sigma_{\boldsymbol{\mu}_i}^{(t)} \\ & \qquad + (\boldsymbol{x}_n - \overline{\boldsymbol{\mu}}_i^{(t)})(\boldsymbol{x}_n - \overline{\boldsymbol{\mu}}_i^{(t)})^T\Big)\Big\}\end{aligned}$$

VB-M ステップ　以下に従ってテスト分布のパラメータを更新する．

$i=1,\cdots,m,\ n=1,\cdots,N$ に対し，

$$\bar{N}_i^{(t)} \leftarrow \sum_{n=1}^{N} \bar{z}_i^n, \quad \bar{\boldsymbol{x}}_i^{(t)} \leftarrow \sum_{n=1}^{N} \boldsymbol{x}_n$$

$$\bar{\boldsymbol{C}}_i^{(t)} \leftarrow \sum_{n=1}^{N} \bar{z}_i^n (\boldsymbol{x}_n - \bar{\boldsymbol{x}}_i^{(t)})(\boldsymbol{x}_n - \bar{\boldsymbol{x}}_i^{(t)})^T$$

$$\phi_i^{(t)} \leftarrow \phi_0 + \bar{N}_i^{(t)}, \quad \eta_i^{(t)} \leftarrow \eta_0 + \bar{N}_i^{(t)}$$

$$\overline{\boldsymbol{\mu}}_i^{(t)} \leftarrow \frac{\bar{N}_i^{(t)} \bar{\boldsymbol{x}}_i^{(t)} + \xi_0 \boldsymbol{\nu}_0}{\bar{N}_i^{(t)} + \xi_0}, \quad f_{\boldsymbol{\mu}_i}^{(t)} \leftarrow \eta_i^{(t)} + 1 - d$$

$$\boldsymbol{B}_i^{(t)} \leftarrow \boldsymbol{B}_0 + \bar{\boldsymbol{C}}_i^{(t)} + \frac{\bar{N}_i^{(t)}\xi_0}{\bar{N}_i^{(t)} + \xi_0}(\bar{\boldsymbol{x}}_i^{(t)} - \boldsymbol{\nu}_0)(\bar{\boldsymbol{x}}_i^{(t)} - \boldsymbol{\nu}_0)^T$$

$$\Sigma_{\boldsymbol{\mu}_i}^{(t)} \leftarrow \boldsymbol{B}_i^{(t)}/((\bar{N}_i^{(t)} + \xi_0)f_{\boldsymbol{\mu}_i}^{(t)})$$

を計算し，$t \leftarrow t+1$ とする.

(d)　事後予測分布

未知入力($\boldsymbol{x}^*$ とする)に対する事後予測分布は，一般に，次式の期待値計算により得られる.

$$p(\boldsymbol{x}^*|D,m) = \int p(\boldsymbol{x}^*;\theta,m)p(\theta|D,m)d\theta \tag{142}$$

混合正規分布推定問題では $p(\boldsymbol{x};\theta,m) = \sum_{i=1}^{m} \alpha_i \mathcal{N}(\boldsymbol{x};\boldsymbol{\mu}_i, \boldsymbol{S}_i^{-1})$ となる. パラメータの事後分布は推定したテスト分布を用いて $p(\theta|D) \leftarrow q(\boldsymbol{\alpha}|m)q(\boldsymbol{\mu}_i, \boldsymbol{S}_i|m)$ と近似すると，

$$p(\boldsymbol{x}^*|D,m) \simeq \sum_{i=1}^{m} \langle \alpha_i \rangle_{q(\boldsymbol{\alpha}|m)} \langle \mathcal{N}(\boldsymbol{x}^*;\boldsymbol{\mu}_i, \boldsymbol{S}_i^{-1}) \rangle_{q(\boldsymbol{\mu}_i, \boldsymbol{S}_i|m)} \tag{143}$$

となる. ここで，$\langle \alpha_i \rangle_{q(\boldsymbol{\alpha}|m)}$ および $\langle \mathcal{N}(\boldsymbol{x}^*;\boldsymbol{\mu}_i, \boldsymbol{S}_i^{-1}) \rangle_{q(\boldsymbol{\mu}_i, \boldsymbol{S}_i|m)}$ は以下のように求まる.

$$\langle \alpha_i \rangle_{q(\boldsymbol{\alpha}|m)} = (\phi_0 + \bar{N}_i)/\sum_{i=j}^{m}(\phi_0 + \bar{N}_j)$$

$$\langle \mathcal{N}(\boldsymbol{x}^*;\boldsymbol{\mu}_i, \boldsymbol{S}_i^{-1}) \rangle_{q(\boldsymbol{\mu}_i, \boldsymbol{S}_i|m)}$$
$$\propto \left\{1 + (\boldsymbol{x}^* - \overline{\boldsymbol{\mu}}_i)^T \left(\frac{\bar{N}_i + \xi_0 + 1}{\bar{N}_i + \xi_0}\boldsymbol{B}_i\right)^{-1} (\boldsymbol{x}^* - \overline{\boldsymbol{\mu}}_i)\right\}^{-\frac{1}{2}(\eta_0 + \bar{N}_i + 1)}$$

ゆえに，入力 $\boldsymbol{x}^*$ の予測事後分布は混合多変量 t 分布となる.

$$p(\boldsymbol{x}^*|D,m) = \sum_{i=1}^{m} \varphi_i \mathcal{T}(\boldsymbol{x}^*;\ \overline{\boldsymbol{\mu}}_i, \Sigma_i^*, f_i^*) \tag{144}$$

$$\varphi_i = (\phi_0 + \bar{N}_i)/\sum_{i=j}^{m}(\phi_0 + \bar{N}_j) \tag{145}$$

$$\Sigma_i^* = \frac{\bar{N}_i + \xi_0 + 1}{(\bar{N}_i + \xi_0)(\eta_0 + \bar{N}_i + 1 - d)}\boldsymbol{B}_i \tag{146}$$

$$f_i^* = \eta_0 + \bar{N}_i + 1 - d \tag{147}$$

(e)　実行例

前節で導出した変分ベイズ法による混合正規分布推定を2次元人工データを用いて実行した結果を図13に示す．データは，5個の正規分布からなる．このデータに対し，$m=3,5,7$のそれぞれに対し，VB法を実行した結果が図13(a),(b),(c)である．この時，VB法の目的関数$\mathcal{F}$の値は，$m=3,5,7$の順に，-1093, -930, -966となり，真値$m=5$の時に確かに最大値をとっている．最尤法ではモデルの複雑さとともに尤度が増加するが，VB法の目的関数は，最適な複雑さをもつモデルに対し目的関数値が最大となり，所望のモデル選択が可能となる．

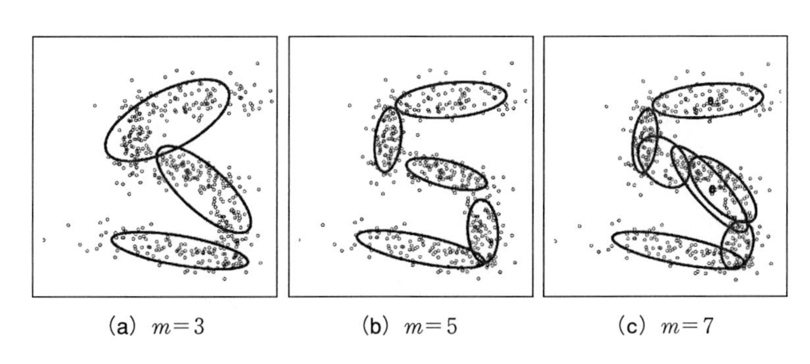

図13　混合数5の2次元混合正規分布データ(人工データ)に対し，$m=3,5,7$と変えてVB法をそれぞれ実行して得られた結果．1つの楕円が1つの正規分布を表わす．

4.6　文献と補遺

本章ではVB法の基本原理と混合正規分布推定問題への応用について解説した．ベイズ法の確率的近似法であるMCMC法については文献(Gilks *et al.*, 1996)を参照されたい．VB法という命名はAttias(1999)によるが，変分近似を援用したベイズ学習法の原型はWaterhouseら(1995)によりすでに提案されていた．なお，彼らは変分ベイズ法とよばず，「ensemble learning」とよんでいた．さらに，文献(Waterhouse *et al.*, 1995)で述べられているように，EM 法に対する変分近似の導入は，前章で若干触れた Neal と Hinton の新しい EM 法の定式化が土台となっている．以上から，結局，VB アルゴリズムは EM 法の延長上の成果であると言える．

VB アルゴリズムの実用上の問題として，EM 法と同様，局所最適性の問題がある．最近，混合分布モデルを対象に，低品質の局所最適解を回避しながら最適な混合数を探索するモデル探索学習法が提案され，実用面での有効性が示されている(Ueda and Ghahramani, 2002)．また，本章で解説した VB 法は，あらかじめ与えられた学習データを同時に学習する一括型学習であるが，近年，VB 法のオンライン学習法も提案されている(Sato, 2001)．これにより，観測データの分布が時間とともに変化する場合や，学習データが逐次的にしか入手できない応用に対しても VB 法が適用可能となる．

謝　辞

第Ⅲ部をまとめるにあたり，1 章，2 章の執筆を担当した樺島は，伊庭幸人氏(統計数理研究所)，田中和之氏(東北大学)，堀口剛氏(東北大学)，渡辺治氏(東京工業大学)，田中利幸氏(東京都立大学)から有益なコメントを頂いた．また，田中和之氏，中村一尊氏(慶應義塾大学)には図 5，図 8 に示した応用例を作成するプログラムを提供して頂いたことで原稿作成の手間を削減することができた．この場を借りて各氏に感謝したい．

3 章，4 章の執筆を担当した上田は，原稿をより分かり易くするための有益なコメントを伊庭幸人氏(統計数理研究所)より頂いた．感謝します．

■付録　誤り訂正符号と統計科学——計算統計のひらく新たな可能性

本文では誤り訂正符号についてテクニカルな面を中心に述べたが，編者の要請により，ここではその背景について簡単に記す．最近の符号研究の展開は，アルゴリズムの発展が統計科学のフロンティア拡大につながった良い例であろう．

情報表現を冗長にすることで，誤りの修復を可能にする誤り訂正符号は，情報化社会を支える重要な要素技術であり，今ではハードディスクの読み書きから宇宙通信にいたるまで，ほとんどすべての通信用途に用いられている．さて，こうした基盤技術はほぼ確立したものであり，時折わずかな改良がなされるとしても，その設計指針が根本から変わってしまうことなどあり得ない，と思うのが世間の常識であろう．ところが，1990 年代以降，誤り訂正符号の研究ではこれに匹敵することが現実に起こりつつある．

誤り訂正符号では，メッセージは符号語の形で送信されるが，伝送路ノイズの影響を受けて，一般には送った符号語とは異なるベクトルが伝達される．よって，受信者はこの劣化したベクトルからメッセージを復元(復号)しなければならない．これは一種の統計的推定問題である．そして，この種の問題に対して最良の方策を与える一般的枠組みがベイズ統計なのである．実際，符号理論の教科書の多くに記載されている最尤復号法は，送信したメッセージと復号結果が 1 ビットでも食い違っていた場合に誤りと判断する損失基準を最適化するベイズ推定に他ならない．

では，それに続く符号研究の展開において，なぜベイズ統計の視点はあまり活用されてこなかったのであろうか．端的に言えば，ベイズの公式に付随する計算コストが嫌われたからである．

ベイズの公式に基づく復号は，期待損失最小化の目的では最良の方法である．しかしながら，それに要する手間は一般に推定変数の数に関して指数的に増大する．そのため，ビタビアルゴリズムによって現実的時間での最尤復号が可能となる拘束長の短い畳み込み符号などの例外を除き，従来，メッセージ長の長い符号は実際的ではないと考えられてきた．その結果，誤り訂正能力の向上という観点からは，一度に符号化するメッセージの長さを長くするほうが有利であることを，シャノンの通信路符号化定理が示唆しているにもかかわらず，実際的な符号設計を目的とする研究は，計算コストを削減できるメッセージ長・拘束長の短い符号を中心に発展することとなった．そこでは，そのような符号の設計に代数学や整数論が活用され，純粋数学の予想外の有用性を示す例として広く知られるようになった．その一方で，ベイズ統計とのアナロジーが実際的意味をもつ，メッセージ長・拘束長の長い符号とその解読法が考察される機会は次第に減っていったのである．

ところが，事態は 1990 年代に入ってから急展開する．まず，ある特徴的な構造を備える符号においては，ターボ復号という反復計算に基づく復号法により，誤り訂正能力が飛躍的に向上することが実験的に示された．さらに，このターボ復号とは，それより少し前に人工知能の研究で開発されたベイズ推論を行うための近似アルゴリズム，(loopy) belief propagation と解釈できることがわかった(実は，これは，統計物理学で古くから知られているベーテ近似とも解釈できる)．このことは，少なくとも，この種の符号に関しては，ベイズの公式による復号が実際的となることを意味する．さらに，ランダムに構成された疎行列に基づくメッセージ長の長い符号が，このアルゴリズムにより，現実的な時間でシャノンの定理が定める通信容量に迫る(capacity approaching)，現存する符号ではほぼ最高の性能を示すことが確認されたのである．後日談であるが，ギャラガー符号とよばれるこの符号の原型は 1963 年に提案されていたが，代数的符号との競争に敗れたため，30 年以上，ほとんど忘れられていたことが明らかにされている．本文では，この周辺の計算技術についてほんのさわりだけを述べた．より深く学びたい読者は文献(Gallager, 1963; MacKay, 1999)とそれらで紹介されている参考文献を参照されたい．

実用に供されている誤り訂正符号の用途には，多くの場合統一規格が導入されている．そのため，これによって既存の符号が直ちに破棄されるわけではない．しかしながら，通信量の急激な増大に伴い，高い通信効率と誤り訂正能力が必要となる次世代携帯電話の規格には，ベイズ統計に基づく誤り訂正符号がすでに採用されており，今後その用途はさらに拡大していくものと予想されている．

以上，誤り訂正符号とベイズ統計とのつながりについてその歴史的経緯を簡単に述べた．計算コストの制約により，最良性が示されているにもかかわらず，統計的な定式化が避けられてきた分野は，符号研究以外にも少なからず存在する．近年，急速に進展している統計モデルに関する近似アルゴリズムの研究は，そういった研究分野の潮流を根底から変えてしまう可能性がある．

参考文献

Attias, H. (1999): Inferring parameters and structure of latent variable models by variational Bayes. Proc. the 15th Conf. on Uncertainty in Artificial Intelligence, 21–30.

Bethe, H. A. (1935): Statistical theory of superlattices. *Proc. R. Soc. London*, **A150**, 552–575.

Dempster, A. P., Laird, N. M. and Rubin, D. B. (1977): Maximum-likelihood from incomplete data via the EM algorithm. *Journal of the Royal Statistics Society*, **B39**, 1–38.

Feynman, R. P. (1972): Statistical Mechanics——A Set of Lectures. W. A. Benjamin.

Gallager, R. G. (1963): Low Density Parity Check Codes. MIT Press.

Gilks, W. R., Richardson, S. and Spiegelhalter, D. J. (1996): Markov Chain Monte Carlo in Practice. Chapman & Hall.

Jordan, M. I. (ed.)(1998): Learning in Graphical Models. Kluwer Academic Press.

樺島祥介(2002): 学習と情報の平均場理論. 物理の世界. 岩波書店.

狩野裕(2002): 構造方程式モデリング, 因果推論, そして非正規性. 多変量解析の展開. 統計科学のフロンティア 5. 岩波書店.

Lauritzen, S. L. and Spiegelhalter, D. J. (1988): Local computations with probabilities on graphical structures and their application to expert systems (with discussion). *Journal of the Royal Statistical Society*, **B50**, 157–224.

MacKay, D. J. C. (1999): Good error-correcting codes based on very sparse matrices. *IEEE Trans. Inform. Theory*, **45**, 399–431.

McLachlan, G. and Krishnan, T. (1997): The EM Algorithm and Extensions. Wiley.

Morita, T., Suzuki, M., Wada, K. and Kaburagi, M. (1994): Foundation and applications of cluster variation method and path probability method. *Prog. Theor. Phys. Suppl.*, **115**.

Neal, R. M. and Hinton, G. E. (2003): A new view of the EM algorithm that justifies incremental and other variants. unpublished manuscript available from ftp://ftp.cs.utoronto.ca/pub/radford/emk.ps.Z.

西森秀稔(1999): スピングラス理論と情報統計力学. 新物理学選書. 岩波書店.

小口武彦(1970): 磁性体の統計理論. 物理学選書 12. 裳華房.

Opper, M. and Saad, D. (eds.)(2001): Advanced Mean Field Methods——Theory and Practice. MIT Press.

Parisi, G. (1988): Statistical Field Theory. Addison-Wesley. 青木薫，青山秀明(訳): 場の理論——統計論的アプローチ. 吉岡書店.

Pearl, J. (1988): Probabilistic Reasoning in Intelligent Systems: Networks of Plausible Inference. Morgan Kaufmann.

Sato, M. (2001): Online model selection based on the variational Bayes. *Neural Computaion*, **13**, 1649–1681.

佐藤俊哉，松山裕(2002): 疫学・臨床研究における因果推論. 多変量解析の展開. 統計科学のフロンティア 5. 岩波書店.

Saul, L. K., Jaakkola, T. and Jordan, M. I. (1996): Mean field theory for sigmoid belief networks. *Journal of Artificial Intelligence Research*, **4**, 61–76.

竹村彰通(2003): 多変量解析入門. 統計学の基礎 I. 統計科学のフロンティア 1. 岩波書店.

Ueda, N. and Nakano, R. (1998): Deterministic annealing EM algorithm. *Neural Networks*, **11**, 271–282.

Ueda, N., Nakano, R., Ghahramani, Z. and Hinton, G. E. (2000): SMEM algorithm for mixture models. *Neural Computation*, **12**, 2109–2128.

Ueda, N. and Ghahramani, Z. (2002): Bayesian model search for mixture models based on optimizing variational bounds. *Neural Networks*, **15**, 1223–1241.

Waterhouse, S. R., MacKay, D. J. C. and Robinson, A. J. (1995): Bayesian methods for mixture of experts. Advances in Neural Information Processing Systems (NIPS8), 351–357.

Weiss, P.(1907): L'hypothèse du champ moléculaire et la propriété ferromagnétique. *J. de Phys. Rad.* **6**, 661–690.

索　引

ア　行

カ　行

サ　行

タ　行

ナ　行

ハ　行

マ　行

ヤ　行

ラ　行

■岩波オンデマンドブックス■

統計科学のフロンティア 11
計算統計 I──確率計算の新しい手法

2003年6月13日 第1刷発行
2009年5月7日 第7刷発行
2018年7月10日 オンデマンド版発行

著 者 伊庭幸人(いばゆきと) 汪 金芳(わん じんふぁん) 田栗正章(たぐりまさあき)
手塚 集(てづか しゅう) 樺島祥介(かばしまよしゆき) 上田修功(うえだ なおのり)

発行者 岡本 厚

発行所 株式会社 岩波書店
〒101-8002 東京都千代田区一ツ橋 2-5-5
電話案内 03-5210-4000
http://www.iwanami.co.jp/

印刷/製本・法令印刷

ISBN 978-4-00-730788-1 Printed in Japan